I0625433

La travesía a
Hangtown Haven

La travesía a
Hangtown Haven

ARTHUR EDWARDS

ARPress
ILLUMINATING IDEAS,
EMPOWERING VOICES

Copyright © 2024 por Arthur Edwards

Todos los derechos reservados. Ninguna parte de esta publicación puede ser reproducida, distribuida o transmitida de ninguna forma o bajo ningún medio, incluyendo fotocopiado, grabación u otros métodos electrónicos o mecánicos, sin el previo permiso escrito del dueño de los derechos de autor y la editorial, excepto en el caso de breves citas plasmadas en reseñas críticas y determinados otros usos no comerciales permitidos por la ley de derechos de autor. Para solicitar permisos, escriba a la editorial, añadiendo: "Atención: coordinador de permisos" en su mensaje a la siguiente dirección.

ARPress
45 Dan Road Suite 5
Canton MA 02021
Teléfono: 1(888) 821-0229
Fax: 1(508) 545-7580

Información sobre pedidos:

Ventas al por mayor. Hay descuentos especiales disponibles en ventas al por mayor para corporaciones, asociaciones y otros. Para obtener más información, contacte a la editorial en la dirección anterior.

Impreso en los Estados Unidos de América

ISBN-13:   Tapa suave   979-8-89356-153-1
            Libro electrónico   979-8-89356-154-8

Número de control de la Biblioteca del Congreso: 2024905300

NOVELAS ANTERIORES DEL AUTOR:

La guerra es el infierno — Robertson Publishing

Una novela sobre la guerra, sus efectos en los participantes y la búsqueda del sentido de la vida de un soldado.

La vida de un héroe — Robertson Publishing

La historia de un ingeniero aeroespacial que descubre una falla de diseño en el principal avión de combate de su país y debe decidir si denunciarlo y retirarlo de servicio o no decir nada y permitir que se sigan estrellando.

ÍNDICE

DEDICACIÓN

Dedicar esta historia es fácil. Está dedicada a los millones de personas sin hogar en nuestro gran país, cuyas vidas han caído en una desesperación inimaginable sin tener culpa alguna. También está dedicada a aquellos valientes estadounidenses que están dispuestos a donar su tiempo y sus finanzas para ayudar a estas personas a salir adelante a pesar de la resistencia organizada de los vecinos acaudalados. Está especialmente dedicado a nuestros veteranos retornados que no pueden adaptarse de nuevo a la sociedad estadounidense y viven en la calle en búsqueda de paz e identidad personal.

Un agradecimiento especial a mi esposa y maestra de escuela, Shirley, quien preferiría pasar su tiempo disfrutando de su jubilación en vez de estar leyendo y corrigiendo el libro de su esposo. El mismo no existiría si no fuese por ella.

"Llega un momento cuando el silencio es traición y la verdad debe ser contada."
— Martin Luther King

"No hay justificación para el sinhogarismo."
"Las personas sin hogar caminan en los pasos de Cristo."
— Pope Francis

"No pasaremos por esta tierra más que una vez, si hay alguna bondad que podamos demostrar, o un buen acto que podamos hacer, hagámoslo ahora, porque puede que nunca volvamos a pasar por aquí."
— Dan Blocker

"Las ordenanzas contra las personas sin hogar son castigos crueles e inusuales que violan la 8va enmienda de la Constitución de los Estados Unidos. Criminalizar a las personas sin hogar es inconstitucional y una política pública equivocada. Además, hasta que no haya suficientes viviendas, las ordenanzas contra acampar también violan la 8va enmienda de la Constitución de los EE.UU. como castigo cruel e inusual."

Departamento Federal de Justicia (agosto de 2015)
Bell v La Ciudad de Boise

La prohibición de Los Ángeles de vivir en vehículos fue anulada el jueves por el Tribunal de Apelaciones del 9no Circuito de los EE.UU., eliminando así una herramienta utilizada por la ciudad para regular a las personas sin hogar. Los Ángeles no puede confiscar las pertenencias personales abandonadas por las personas sin hogar en las calles.
9no Tribunal de Circuito de Apelaciones

Busquen la justicia y ayuden a los oprimidos.
Defiendan la causa de los huérfanos
y luchen por los derechos de las viudas.

Isaías 1: 17

Pues tuve hambre, y me alimentaron.
Tuve sed, y me dieron de beber.
Fui extranjero, y me invitaron a su hogar.
Estuve desnudo, y me dieron ropa.
Estuve enfermo, y me cuidaron.
Estuve en prisión, y me visitaron

Les digo la verdad, cuando hicieron alguna
de estas cosas al más insignificante de estos,
mis hermanos, ¡me lo hicieron a mí!

— Mateo 25:35-40

Practicar la virtud es ofrecer desinteresadamente ayuda a
los demás, dando sin limitación alguna el propio tiempo,
capacidades y posesiones, en cualquier ocasión y lugar en
que se necesiten, sin prejuicio alguno relativo a la necesidad
de la persona que los necesita.

El carácter de tu existencia está determinado
por las energías a las que te dedicas.
Lo que haces es lo que eres.

¿Quién puede disfrutar de la iluminación y permanecer
indiferente ante el sufrimiento del mundo?

— Lao Tzu

INTRODUCCIÓN

Este libro describe el trabajo que un grupo de voluntarios realizó en la planificación, diseño, construcción y operación de un exitoso refugio para personas sin hogar en el condado de El Dorado. A lo largo del camino, narra cómo, después de retirarse de una vida tranquila y aislada en la región aurífera de California, el autor se convirtió en un líder que dirigió los esfuerzos en la creación de un refugio para la población sin hogar en su comunidad. Él aprendió lecciones sobre la colaboración y cooperación mientras luchaba contra las élites locales del poder y la política, que continuamente intentaban cerrar el refugio.

La historia une las vidas de varios hombres y mujeres sin hogar cuyos caminos se cruzaron en su paso por Hangtown Haven, su nuevo hogar, el cual se puede apreciar en la portada. Esta historia demuestra que, con un poco de ayuda, es posible que las personas salgan del sinhogarismo y la pobreza desesperada, y puedan regresar a la comunidad de clase media, una travesía que muchas personas en la sociedad creen que es imposible.

También incluye una descripción de cómo el autor, un ingeniero aeroespacial jubilado, impactó sus vidas y cómo los desamparados descubrieron que cada uno de ellos tenía habilidades, talentos y capacidades ocultas que florecían mientras vivían en la comunidad de personas sin hogar llamada Hangtown Haven, en Placerville, California. Descubrieron que la sinergia de sus esfuerzos al trabajar juntos era mucho mayor que la suma de los talentos individuales de cada uno.

Además, este libro detalla las formas cómo las corporaciones sin fines de lucro pueden tener éxito ayudando a los pobres y personas sin hogar en sus comunidades. Describe lo que es legal y lo que es ilegal en la provisión de refugio y sustento para las personas pobres y sin hogar que han perdido sus hogares y que enfrentan una vida de abuso de drogas y adicción al alcohol.

Todas las historias y entrevistas son verdaderas, y todas las conclusiones a las que llegó el autor se basan en eventos reales. Existe un antiguo dicho en la Marina que dice: "Todas las reglas de seguridad están escritas en sangre". Aunque una mujer sin hogar murió durante este proceso, los voluntarios generalmente no tuvieron que lidiar con sangre. Sin embargo, las personas sin hogar en el condado de El Dorado estaban y siguen estando expuestas todos los días a acontecimientos que ciertamente afectan su vida y su seguridad.

También desmiente muchas creencias y conclusiones a menudo señaladas y plasmadas por profesionales que han escrito artículos describiendo el comportamiento de las personas sin hogar. Los voluntarios descubrieron que: «las personas sin hogar son como el resto de nosotros, solo que no tienen un lugar para dormir». También observaron que las personas tienden a reaccionar de la manera en que uno espera. Cuando se les asignaron responsabilidades y algunas herramientas para su propia supervivencia, los residentes del refugio respondieron magníficamente. Este libro también aborda las vidas de los voluntarios, iglesias, individuos y organizaciones sin fines de lucro que ayudaron cuando se necesitaban fondos y apoyo político.

Lamentablemente, el destino final de Hangtown Haven fue determinado por el poder político y financiero en la comunidad que opera tras bambalinas y ejerce control más allá del conocimiento público. La buena noticia es que la lucha no ha terminado en lo absoluto. Este es un período de pausa, un momento de reflexión, reagrupación y planificación. Es el momento de revisar lo que los voluntarios hicieron y aplicar sus experiencias para construir otro centro exitoso, esta vez permanente, para albergar a las personas sin hogar de nuestra comunidad.

Por favor recuerda mientras lees esto que cada persona sin hogar enfrenta la realidad de la supervivencia todos los días de su vida. Es fácil criticar el comportamiento de alguien sin reconocer el hecho de que la comida que robó o el lugar ilegal donde está durmiendo significa un día más de vida para esa persona. ¿Qué harías tú si tu vida estuviera en peligro?

El libro incluye capítulos biográficos, cartas e informes a lo largo de la historia, presentándole al lector a varios de los voluntarios y residentes sin hogar que el autor conoció durante los últimos diez años.

Nuestros recuerdos a veces nos engañan, y los del autor no son la excepción. Ha hecho todo lo posible por verificar y confirmar los eventos descritos aquí, pero no puede garantizar que todo lo declarado haya sucedido sin ninguna duda. Las fechas son especialmente difíciles. Pido disculpas si encuentras algún error en la historia.

El autor ha intercalado sus sentimientos y creencias periódicamente. Todos están basados en sus experiencias como ingeniero aeroespacial y como pionero en su intento por ayudar a las personas sin hogar. Puedes estar de acuerdo o no con ellos según lo consideres oportuno. Este libro no estaría completo sin la expresión de sus creencias y las causas de los eventos tal como los ve el autor. Él es solo un ser humano y ha desarrollado fuertes sentimientos hacia las personas sin hogar y desfavorecidas en nuestra sociedad desde la Depresión. A pesar de todo, espera que tú y las personas sin hogar que lo lean, disfruten de esta historia real.

Las personas sin hogar siguen entre nosotros. Ignorarlas no las hace desaparecer. Los gobiernos de la ciudad y el condado gastan millones de dólares en refugios para perros, parques de béisbol y estadios de baloncesto, pero nada para ayudar a nuestros vecinos sin hogar. Hay marchas y «carreras» para recaudar dinero para el cáncer y otras causas dignas.

Ahora es el momento de enfrentar la situación de los desamparados en nuestras comunidades y dedicar las energías y los fondos necesarios para aliviar su sufrimiento. Mateo 25:40 cita a Cristo diciendo:

Les digo la verdad, cuando hicieron alguna de estas cosas al más insignificante de estos, mis hermanos, ¡me lo hicieron a mí!»

Independientemente de si somos cristianos, judíos, musulmanes, budistas o ateos, ¿cuánto tiempo vamos a ignorar las enseñanzas de Cristo?

CAPÍTULO UNO

AUTOBIOGRAFÍA

Nací en el mes que mi papá denominó como el punto más bajo de la Gran Depresión, junio de 1932. Desde entonces, he aprendido al leer libros de historia que el verdadero punto más bajo de la Depresión fue en julio, pero nunca le corregí eso a mi papá. A él le gustaba decir que las cosas comenzaron a mejorar para el país el mes en que nací. Soy hijo único.

Sobrevivimos bastante bien a la Depresión, ya que mis padres trabajaban: mi papá como superintendente de una empresa de construcción y mi mamá como profesora de música de secundaria. Vivíamos en East Oakland, no muy lejos del Mills College.

Las cosas empeoraron cuando mi papá perdió su empleo en 1938 y tuvimos que vivir solo con el salario de mi madre, quizás $ 100 al mes o menos. Afortunadamente, mi papá comenzó a trabajar en el Centro de Suministros Navales en Oakland cuando el gasto en defensa comenzó a aumentar en 1940. Dos años después, lo ascendieron al puesto de superintendente de base en el Depósito de Combustible Naval de Point Molate, Richmond, California. En 1953, se mudó a Alameda para convertirse en superintendente de obras públicas en la Base Aérea Naval, donde trabajaba cuando falleció en 1962.

Mi papá estaba convencido de que debía convertirme en un ingeniero, un oficial naval, y asistir a Annapolis para lograr ambas cosas. Él había pasado tres años en la Marina poco después del final de la Primera Guerra Mundial (la Gran Guerra), fue un oficial naval comisionado durante la Segunda Guerra Mundial y pensaba que su hijo también debía servir a su país como ingeniero y oficial. Así que me llevaba a trabajar con él siempre que no estaba en la escuela. Como resultado, crecí rodeado de equipos de construcción, trabajos de soldadura, herramientas de taller y maquinaria de todo tipo. Naturalmente, me interesé en cómo funcionaban todos ellos. «Solo podrás saberlo cuando te conviertas en ingeniero», solía recordarme.

Para cuando tenía doce años, ya había decidido ser ingeniero mecánico. Leía todo lo que podía sobre cómo funcionaban los motores de automóviles y aviones, y cómo operaban las turbinas y los cohetes, al menos hasta donde se sabía en la década de 1940. Me fascinaban las bombas y cómo los refrigeradores enfriaban las cosas, cómo se diseñaban los automóviles y por qué los aviones se mantenían en el aire (la ecuación de Bernoulli); también me intrigaba cómo los grandes barcos podían evitar hundirse debido a su propio peso (Arquímedes). Naturalmente, iba a ser ingeniero mecánico si lograba superar la escuela de ingeniería de Cal. Sin embargo, eso resultó ser mucho más difícil de lo que pensaba.

Tal como mi papá había esperado, solicité mi ingreso a Annapolis para convertirme en oficial naval después de graduarme de la secundaria y tuve una entrevista para la clase que ingresaba en 1951. Sin embargo, rechacé la entrevista, para el disgusto de mi papá. En su lugar, me uní al Naval ROTC en Berkeley y me convertí tanto en oficial naval como en ingeniero. Me gradué en 1954, pasé dos años en un transporte de tropas de ataque principalmente en Corea y luego regresé a la vida civil y comencé a trabajar en el sector aeroespacial en Lockheed Missiles and Space Company en Sunnyvale.

Mi carrera en Lockheed, y más tarde en Ford Aerospace, se centró en un aspecto muy importante del desarrollo de satélites: la prueba operativa de naves espaciales completas en el entorno espacial. Se llamaban (y se siguen llamando) "pruebas de simulación espacial". Ayudé a diseñar y construir las primeras y más grandes cámaras espaciales en empresas de todo el país. La primera gran cámara espacial construida en el mundo fue una que diseñé en Lockheed en 1960 y se llamó la Cámara HIVOS (Simulador Orbital de Alto Vacío). Tenía dieciocho pies de diámetro por veinticinco pies de largo y fue la primera cámara de vacío en el mundo que podía contener un satélite completamente ensamblado.

Desde allí, seguí ayudando a construir otras cámaras espaciales por todo el país. Fui el ingeniero de campo en la gran cámara de McDonnell Douglas en Huntington Beach, California, instalé las bombas de vacío en el simulador de vuelo espacial en el Centro de Vuelo Espacial Johnson en Houston, Texas (en el que se entrenaban los astronautas) y ayudé a terminar la cámara espacial de la NASA, en Greenbelt, Maryland.

Cuando regresé a Lockheed, diseñé y construí tres otras cámaras espaciales grandes y luego fui transferido a Ford Aerospace, donde supervisé la operación de su gran cámara espacial. No hace falta decir que la mayoría de los satélites que probamos eran altamente clasificados y mi autorización de seguridad estaba por encima del que exigía el máximo secretismo.

En el proceso de trabajar en la industria espacial, obtuve una maestría en Sistemas Cibernéticos y comencé a enseñar a medio tiempo en algunas de las universidades de nuestra área. Enseñé cursos de ingeniería y gestión empresarial en la Universidad de California en Santa Cruz y Cal State en San José, Educación para Adultos en San José y Comportamiento Organizacional en la Universidad de San Francisco en el condado de Santa Clara durante doce años.

También me convertí en músico clásico a los trece años y toqué los timbales en la Orquesta Sinfónica de Oakland, la Sinfónica de Santa Cruz, la Sinfónica de Chapman, la Sinfónica de

Sierra, entre otras. Fui el músico más joven en la historia de la Sinfónica de Oakland cuando comencé a tocar en 1946.

En 1994, mi esposa, que era administradora escolar, y yo, nos jubilamos en el condado de El Dorado. Al principio hice un poco de trabajo de consultoría en mi campo de especialización, pero rápidamente decidí que preferiría relajarme e ir a pescar. Pronto descubrí que eso era un sueño inalcanzable.

Nos unimos a la Iglesia Federada (presbiteriana y metodista) en Placerville y participamos activamente en las actividades de la comunidad. Una noche, mi esposa anunció que iríamos a la iglesia para escuchar una breve presentación de un miembro de una organización local sin fines de lucro, United Outreach. Dijo que el orador estaba buscando voluntarios para ayudar en su trabajo con las personas sin hogar.

Había quizás una docena de personas sentadas alrededor de la mesa en la iglesia esa noche para escuchar al presidente de United Outreach, un hombre llamado Raj Rambob, quien iba a hablar sobre su compromiso de ayudar a las personas sin hogar en nuestra comunidad. Nos habló de la Iglesia Adventista del Séptimo Día en Camino, colina arriba desde Placerville, que estaba proporcionando un refugio para las personas sin hogar varias noches a la semana. Necesitaban voluntarios para llevar bocadillos y sentarse con los desamparados por las noches para hablar y jugar a las cartas.

A pesar de sacudir mi cabeza mientras codeaba a mi esposa en las costillas, no pude evitar que ella levantara la mano y dijera: «participaremos una noche». Así comenzó mi lucha de doce años de darle un refugio permanente a los miembros de nuestra comunidad sin hogar.

Art Edwards

CAPÍTULO DOS

CONOCIENDO A LOS DESAMPARADOS

Era el verano de 2006. «Dime de nuevo, ¿por qué estamos haciendo esto?», le pregunté a mi esposa mientras conducíamos hacia el este por la autopista 50 no estando en el mejor de los ánimos. «No es como si no tuviéramos nada más que hacer».

«No tenemos nada mejor que hacer, querido. Además, necesitan ayuda para acoger a los desamparados. Tienes que reunirte con ellos y conocerlos a todos. Estoy segura de que tu actitud cambiará una vez lo hagas. Además, ¿no te dijo tu madre algo sobre ayudar siempre a los necesitados durante la Depresión?», respondió mi esposa.

«Entonces que lo haga mi madre».

«No seas tan gruñón. Además, tu madre probablemente está mirando desde el cielo sonriéndote en este momento».

Luego nos enteramos de que United Outreach y la Iglesia Adventista del Séptimo Día de Camino se habían aliado inicialmente para usar su escuela de Placerville como refugio para personas sin hogar. Habían garantizado que todos los desamparados estarían fuera de la escuela cuando los niños llegaran por la mañana. La junta escolar inicialmente aprobó el plan, pero cuando los padres se enteraron, hicieron tal alboroto que la escuela cambió de opinión, y el refugio fue mudado a la iglesia de Camino.

Una situación similar ocurrió hace unos veinte años cuando el Consejo Municipal de Placerville le autorizó a la ciudad comprar el Motel Hangtown Haven en Upper Broadway para convertirlo en un refugio permanente para personas sin hogar. Todo iba bien hasta que el público se enteró del trato y un gran grupo de ellos se quejó ante el consejo, el cual canceló el trato. Esa fue aparentemente la última vez que la ciudad intentó gastar dinero para ayudar a las personas sin hogar.

La Iglesia de Camino estaba albergando a las personas sin hogar en su gimnasio, una edificación separada del santuario de la iglesia. Cuando llegamos esa primera noche, vi a unos treinta y cinco hombres y mujeres sin hogar dispersos por el gimnasio, algunos en mesas comiendo, otros jugando a las cartas y otros sentados en sus sacos de dormir leyendo y hablando entre ellos. Varios voluntarios circulaban entre el grupo haciendo conversación y jugando a las cartas, dominó y cribbage. «Vamos a esa mesa para presentarnos con aquellos desamparados allá», dijo mi esposa. Ese fue el comienzo de una larga relación.

El pastor Craig Klatt había organizado esta pijamada por dos noches a la semana en conjunto con Raj, el presidente de United Outreach. Habían reunido voluntarios de varias iglesias del condado y cada noche iban de diez a doce personas, algunas pasando toda la noche durmiendo en el suelo con los desamparados.

Algunos de los desamparados eran transportados hacia y desde la iglesia de Placerville en el autobús de tránsito local, y otros con la ayuda de voluntarios en sus autos. No se les permitía fumar en el gimnasio ni beber bebidas alcohólicas en ninguna parte de la propiedad. Este último punto no fue fácil de imponer. Los voluntarios programados proporcionaban refrigerios y un desayuno rápido por la mañana, y el resto de nosotros estábamos allí para mantener a los visitantes ocupados y felices. La primera de nuestras responsabilidades era conocerlos.

«¿Entonces qué hacías antes de quedarte sin hogar?», mi esposa me miró y frunció el ceño.

«Lo que mi esposo quiere decir es, cuéntennos sobre su vida cuando crecían». Los ingenieros no están entrenados para entablar conversaciones, así que tuve que confiar en mi esposa, la maestra de escuela, para romper el hielo. Tengo que admitir que aprendí muchas cosas de los hombres y mujeres sin hogar que llegamos a conocer. Incluso mi renuencia a entablar conversaciones se desvaneció.

Uno de los jóvenes más interesantes que conocí a lo largo de los años fue un veterano que acababa de regresar de Irak. Para entonces, ya había aprendido cómo animar a los desamparados para hablar de sí mismos y compartir sus sentimientos con extraños.

Él, a quien llamaré Bill, era un hombre en sus veintitantos años y había sido un francotirador del Cuerpo de Marines. Dijo que acababa de regresar y que había sido dado de baja solo unas semanas antes, pero no podía adaptarse a la vida civil. En consecuencia, se quedó sin hogar y vivía en las calles de Placerville. Le pedí que me contara sobre ser un francotirador. Primero le pregunté qué tipo de arma había disparado. «Un rifle de calibre cincuenta», él respondió.

«¡Guau! Eso debe producir un gran culetazo».

«Oh sí. Me empujaba hacia atrás algunos centímetros cada vez que lo disparaba y siempre tenía el hombro adolorido. Llegué a matar al enemigo a más de mil yardas de distancia, y ellos nunca supieron qué les golpeó. Ni siquiera podían verme».

«Calcular el efecto del viento en la bala era el mayor problema porque el viento cambiaba de dirección varias veces después de que la bala salía de mi arma y antes de que alcanzara al objetivo. Pero me volví bastante bueno en eso. No muchos de nosotros que comenzamos la escuela de francotiradores pudimos terminarla. Se necesita una habilidad especial, calma y la capacidad de concentrarse».

Como había sido oficial de artillería en la Marina, estaba bastante familiarizado con las diversas armas en uso durante la Guerra de Corea, y había disparado una ametralladora de calibre cincuenta en entrenamiento, pero nunca había escuchado hablar de un rifle de calibre cincuenta. Mi hombro lo sentía cuando disparaba mi rifle de caza de calibre treinta. Mi boca debe haberse abierto de asombro mientras él continuaba.

«Había dos de nosotros trabajando juntos como equipo, mi observador y yo. Él se sentaba a mi lado mirando a través de binoculares de alta potencia y me asesoraba sobre el viento y la desviación. La imagen que aparecía en mi mira se transfería electrónicamente a sus binoculares, así que él podía ver exactamente lo que yo estaba mirando».

«Entonces, ¿por qué dejaste el Cuerpo de Marines?», pregunté inocentemente.

«Porque me cansé de matar gente».

No pude pensar en nada más que decir, pero podía ver por qué tenía problemas para adaptarse a la vida civil.

Teníamos un número inusualmente alto de veteranos en nuestra comunidad de personas sin hogar, algunos desde tiempos tan lejanos como la Guerra de Vietnam. Desearía haberme tomado el tiempo de escuchar todas sus historias.

Bill concluyó: «Todos nosotros les debemos a ustedes, los de la Guerra de Corea, un voto de agradecimiento porque muchas de las armas que usamos fueron desarrolladas por ustedes en los años cincuenta. Estaban allí para nosotros y salvaron nuestras vidas porque aprendimos a usarlas muy bien».

No estaba seguro de merecer o querer algún crédito por eso, pero estaba muy contento de que Bill hubiera sobrevivido y regresado a casa, incluso si estaba sin hogar en las calles de Placerville.

Una de las preguntas más importantes que tengo para nuestra sociedad es: ¿por qué enviamos a jóvenes hombres y mujeres a países extranjeros a luchar nuestras guerras y luego permitimos que los veteranos regresen a una vida de indigencia y adicción? Por supuesto, no todos los veteranos vuelven para terminar en la indigencia, pero suficientes lo hacen como para que tomemos nota y hagamos algo al respecto.

He conocido a varios veteranos que sufren del estrés inimaginable de haber entrado en combate. Cuando yo todavía era un niño, un joven veterano del Ejército de la Segunda Guerra Mundial que acababa de regresar de luchar en Italia, pasó horas tratando de explicarme cómo se sentía al haber matado hombres y haber sido disparado a cambio. Mi conclusión después de escuchar a este joven estresado fue que nosotros, que no lo hemos hecho, nunca lo entenderemos. Él tenía lo que hoy llamaríamos TEPT y probablemente pasaría el resto de su vida con ello.

Supongo que el problema percibido es que, si hiciéramos algo para encontrarle hogar a nuestros veteranos, especialmente a aquellos con TEPT, también tendríamos que proporcionar refugios para el resto de las personas sin hogar. La sociedad preferiría dejar a los veteranos durmiendo en la calle antes que proporcionar un refugio para todos. Es más fácil ignorar el problema que ayudar a quienes lo necesitan.

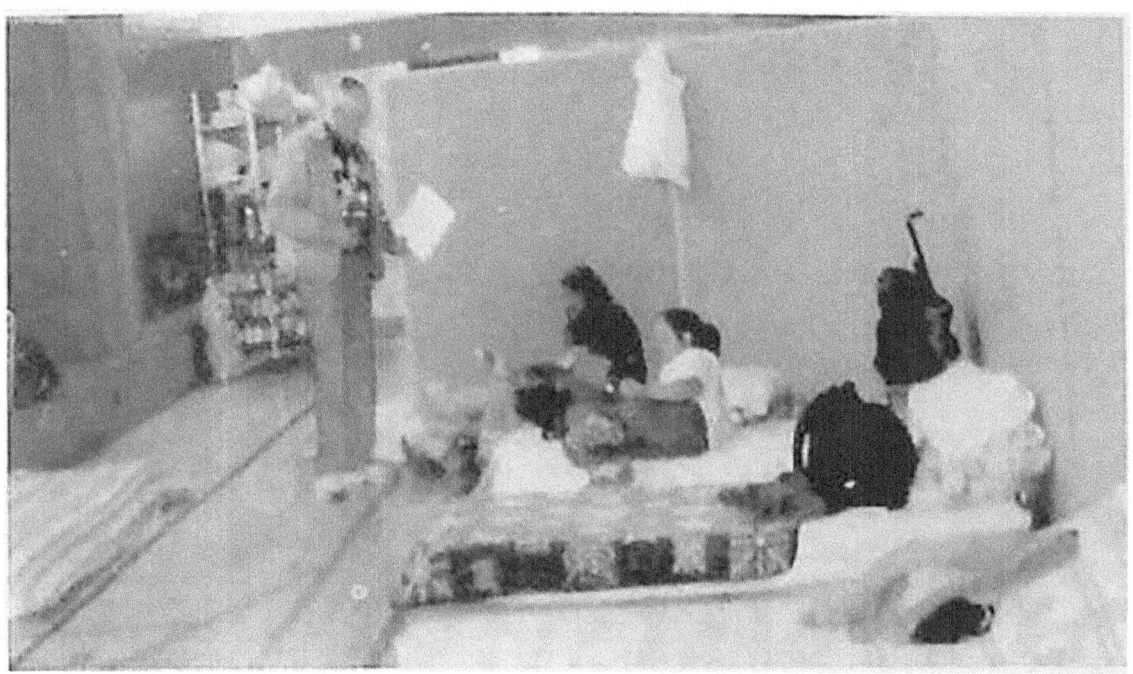

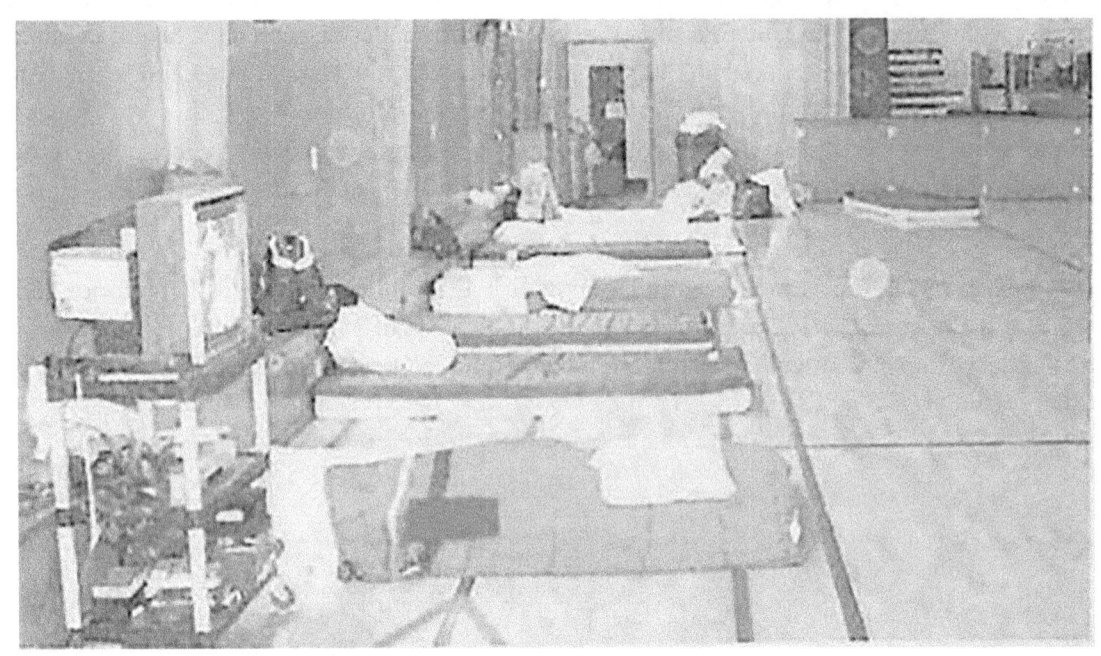

Pastor Craig Klatt con desamparados
durmiendo en la Iglesia de Camino

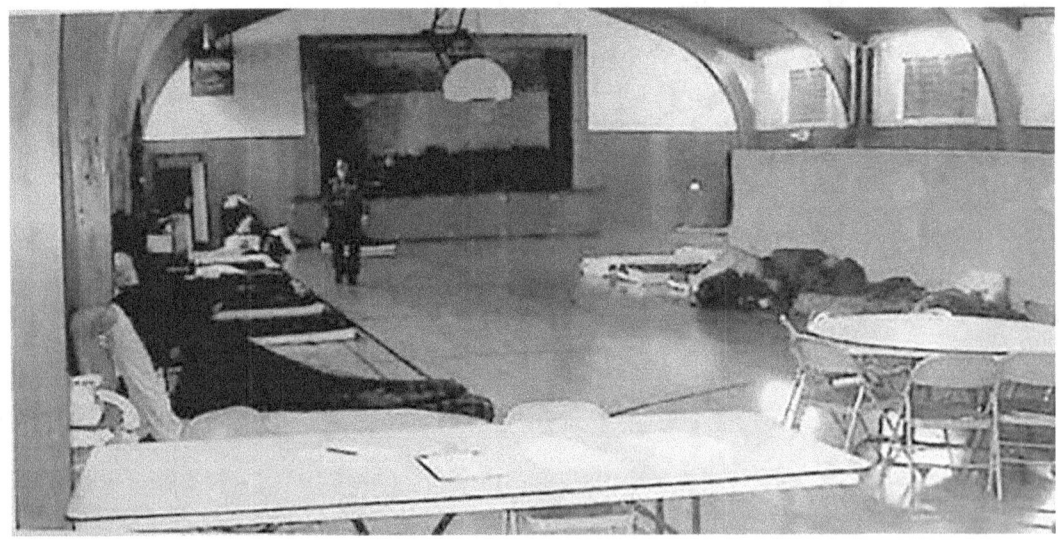

El gimnasio

Voluntarias preparando bocadillos

CAPÍTULO TRES

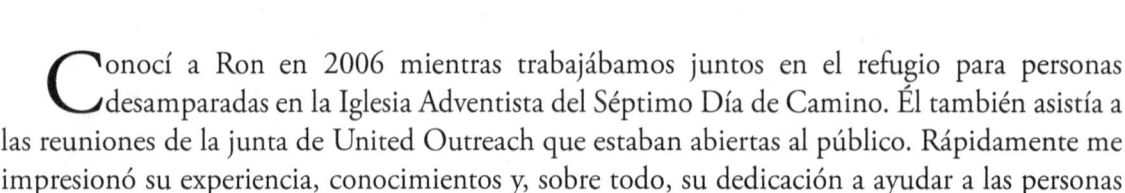

RON S.

Conocí a Ron en 2006 mientras trabajábamos juntos en el refugio para personas desamparadas en la Iglesia Adventista del Séptimo Día de Camino. Él también asistía a las reuniones de la junta de United Outreach que estaban abiertas al público. Rápidamente me impresionó su experiencia, conocimientos y, sobre todo, su dedicación a ayudar a las personas sin hogar.

Ron Sachs atribuye su ministerio a las personas sin hogar desde su temprana edad a vivir como «un forastero», «el recién llegado» o «el niño raro» dondequiera que iba su familia. Durante su educación en Alemania, Francia o dentro de los EE.UU., descubrió que las «personas de la calle» siempre eran tolerantes, aunque fueran los «forasteros» de sus comunidades. Ron parecía encajar naturalmente con este grupo y tenía recursos que aquellos que eran marginales o «arruinados» no tenían. Vio sus necesidades y ha respondido a esas necesidades a lo largo de su vida.

¿Dónde comenzó su eventual viaje con Jesús y las personas desamparadas? Aprendió a vivir la vida de un estudiante de arte rebelde en las calles de Chateauroux en París, Francia, pero su viaje comenzó sostenido de una madre comprensiva y talentosa que le inculcó las maravillas y la curiosidad por la vida y le mostró lo que se puede lograr teniendo fe.

Llegó a Chateauroux después de solo un año de secundaria en los EE.UU. y se encontró siendo un «forastero» en esa escuela. «No pertenecía» y fue falsamente acusado por un profesor de hacer trampa. Después de demostrar que no podría haberlo hecho, fue referido por estudiantes y profesores como un tramposo. A veces era golpeado por la «pandilla de fútbol». No era bien recibido entre otros estudiantes y definitivamente era un «solitario». Sus otros años de secundaria los pasó en Alemania en una escuela estadounidense pero no con los niños militares. Los «niños del ejército» tenían sus propios grupitos y camaradería, y él no era uno de ellos.

De eso él aprendió a hacer «lo suyo», algunas de las cuales levantaban cejas. Él llegó a pasar un día y medio encerrado en el Chateauroux, un calabozo. Sí, admite que hizo algo malo, pero su padre pensó que podría causarle una gran impresión pasar algún tiempo en la cárcel. Fue una gran experiencia de aprendizaje que ha recordado toda su vida.

Después de Chateauroux, rompió algunas reglas en la Fuerza Aérea y perdió sus alas de vuelo debido a «tendencias de vuelo peligrosas». Eventualmente fue dado de baja honorablemente como aviador de 2da clase.

Llegando a California a los 46 años en 1980 y comenzando una nueva carrera, una nueva vida y una nueva aventura, él esperaba con ansias hacer negocios y jubilarse. En 1986 comenzó a asistir a una iglesia comunitaria fundamentalista. Eso reavivó un interés en la investigación bíblica que comenzó mientras estaba en su vida de artista buscando la «verdad». Había sido criado como metodista inculcado con curiosidad y deseo de cuestionar.

Se aventuró hacia la creencia unitaria y predicó en esa fe mientras experimentaba otras religiones a medida que las descubría. Sí, él tiene algunas creencias religiosas «extrañas» que van desde creer en nada hasta creer en todo.

Mientras asistía a una iglesia fundamentalista y a clases bíblicas, comenzó a servir en un ministerio penitenciario patrocinado por la iglesia, dirigido por un gigante amable que, aunque era un espectáculo temible de contemplar, era un «hombre de verdad» en el sentido terrenal y también en el sentido cristiano. Él vivía su vida como si Jesús siempre estuviera a su lado.

Mientras Ron se ofrecía como voluntario en el ministerio penitenciario en 1988, a los 54 años se quedó sin hogar después de un divorcio y la pérdida de su negocio. Se mudó a su camioneta. Él dice que necesitaba esa experiencia, esa pérdida completa de ingresos, autoestima, no tener ningún lugar adónde ir, ninguna seguridad, sentirse inútil y sin saber si alguna vez tendría comida para saciar el hambre en su barriga.

Después de experimentar la indigencia durante aproximadamente cinco meses, se abrieron oportunidades para Ron. Terminó en el área de Los Ángeles con un muy buen empleo como director de mercadeo. Luego ascendió a vicepresidente ejecutivo de Lite Source Inc., trabajando para un empleador comprensivo.

Pronto se involucró nuevamente en ayudar a los "más desfavorecidos", las personas en situación de calle de Los Ángeles. Fundó la Coalición del Valle del Este de San Gabriel para Personas sin Hogar (ESGVCH, por sus siglas en inglés) que comenzó a funcionar el 08 de septiembre de 1994. Trabajó con treinta iglesias para manejar un refugio de invierno, un centro de asistencia de emergencias y cuatro hogares de transición. Contrató a dos empleados a tiempo completo y doce empleados temporales. Durante el programa del refugio de invierno, se registraron seiscientas personas sin hogar en el programa. Cuando se fue, la ESGVCH tenía un presupuesto de $ 127.000,00 al año después de haber comenzado con donaciones de $ 10 a $ 50 de iglesias locales apenas unos años atrás.

Ron conoció a su segunda esposa, Doris, en una fiesta de Nochevieja. Mientras salían, ella mencionó que iba a entregar comida a un refugio para familias desfavorecidas con hijos. Él preguntó si podía acompañarla. El viaje que había comenzado apoyado por su madre años atrás, y entonces viviendo con "personas de la calle" que sufrían de sinhogarismo, finalmente dio sus frutos.

El Rev. Dr. Hillary Chrisley de la Iglesia Metodista Unida St. Matthews, la misma iglesia a la que asistía su futura esposa, también estaba involucrado. Hillary se convirtió en presidenta de una organización de pastores asociados que apoyaban el refugio para familias sin hogar, "Jobs Shelter", bajo la dirección de los Servicios Sociales Luteranos. Ron ahora tenía un buen trabajo que le proporcionaba más recursos de los que necesitaba.

A algunas reuniones mensuales solo asistían Hillary y Ron, y la organización se redujo a muy pocos miembros. Luego, en 1994, los Servicios Sociales Luteranos abandonaron el Valle del Este de San Gabriel y dejaron la zona. El cierre del Centro de Asistencia de Emergencias dejó la zona sin el programa de refugio de invierno ni el refugio para familias "Jobs Shelter". Esta parte del condado ahora casi no tenía ningún servicio para las personas sin hogar.

A finales de 1994, se reunió un grupo de seis a ocho personas, sin dinero, pero con mucha fe. Con el respaldo de la congregación de la Iglesia Metodista Unida St. Matthews y otras iglesias, se incorporaron a la Coalición del Valle del Este de San Gabriel para Personas sin Hogar. También utilizaron dinero prestado de la cuenta bancaria de Doris y Ron.

La ESGVCH ahora proporciona un Centro de Asistencia de Emergencias que está abierto todo el año. También organiza el Programa de Refugio de Invierno, que está abierto de diciembre a marzo. Cada iglesia participante realiza el refugio de invierno durante dos semanas y luego se traslada a otra iglesia. También tiene un Hogar de Transición, el proyecto Jobs II, que alberga a dos familias que se han quedado sin hogar y necesitan un nuevo comienzo en su vida. Esta coalición de iglesias, con más de treinta iglesias participantes, de alguna manera ha proporcionado refugio seguro para aquellos menos afortunados. Recientemente registraron a más de cuatrocientas personas, con un promedio de ciento veinte por noche, lo que incluía un aumento significativo en el número de familias.

La chispa, el fuego, el entusiasmo generado por la Iglesia Metodista Unida St. Matthews, hizo todo esto posible. Sin embargo, debido al «agotamiento» y las limitaciones de espacio, la participación de las iglesias metodistas en el Programa de Refugio de Invierno se redujo a solo una. St. Matthews actuó como refugio mientras que muy pocas otras proporcionaron comida. Ron finalmente renunció a la presidencia y al Consejo de Administración para poder volver a trabajar con las personas.

En septiembre de 2005, Ron y su esposa se mudaron al condado de El Dorado. Él descubrió a los ciudadanos sin hogar del condado y sintió la necesidad de hacer algo por aquellos que habían sido abandonados por su gobierno local. Comenzó a trabajar con United Outreach como voluntario, brindando apoyo por las noches para el refugio de invierno que se llevaba a cabo en la Iglesia Adventista del Séptimo Día en Camino. Ahí fue donde lo conocí.

Desde allí, él organizó «Job's Shelters of the Sierra» (JSS), una corporación sin fines de lucro. Proporciona dos furgonetas llenas de suministros que son manejadas por ciudadanos sin hogar del condado de El Dorado. Visitan los campamentos y lugares de reunión de las personas sin hogar y distribuyen los elementos necesarios para vivir en carpas. Papel higiénico, calcetines, velas, ropa cálida y seca, libros, al igual que suministros de higiene, se encuentran en las furgonetas de suministros que se ven en los campamentos seis días a la semana.

Se estima que, con esta distribución de suministros, las furgonetas entregan 78 rollos de papel higiénico y 136 pares de calcetines cada semana. Además, JSS proporciona lo necesario para vivir en una carpa en el bosque. JSS ha proporcionado cuarenta y nueve carpas y bolsas de dormir en esta estación a las personas sin hogar que lo han necesitado. En otoño, las chaquetas gruesas y las mantas son muy solicitadas, y se han entregado 250 de cada uno de estos artículos. También se necesitan toldos, cuerda, baterías, ropa interior limpia, pantalones, camisas, suéteres, sombreros, guantes, duchas portátiles, zapatos, botas y equipo para la lluvia. Estas demandas se satisfacen mediante donaciones voluntarias de iglesias, organizaciones e individuos, así como compras especiales realizadas por JSS.

Trabajando con United Outreach, el productivo grupo de personas sin hogar de JSS se organizó, abasteció y administró una edificación llamada Supply Closet (Armario de Suministros) en Grace Place, Perks Court. JSS organizó una coalición compuesta por United Outreach, JSS y Only Kindness, e invitó a un proveedor de alimentos a unirse a la coalición. Juntos esperaban manejar una instalación de duchas y lavandería necesaria para la comunidad de personas sin hogar y contrarrestar los problemas de salud que los afectan.

Ron imparte clases de escuela dominical para adultos y también estudios bíblicos especializados en los primeros trescientos años del cristianismo. Ha estado traduciendo algunos de los primeros escritos cristianos sobre Jesús y sus enseñanzas a partir de manuscritos en griego. La traducción de la Biblia siempre ha sido de gran interés para él, por lo que, con su colección de traducciones, ha seguido adelante con estudios bíblicos del tipo «¿qué dijeron en aquel entonces?», utilizando los manuscritos antiguos y las versiones más recientes de la Biblia. Esta ha sido su enseñanza más gratificante. Los adolescentes son todo un desafío, y enseñarles pone la vida en perspectiva.

En este proceso, Ron realizó un curso como orador laico. Ser delegado de la iglesia en la Conferencia Anual le permite ampliar su conocimiento y compromiso con las ideas metodistas expresadas por la declaración de John Wesley: «Piensa y deja pensar». El metodismo le permite examinar la historia y cuestionar los cambios en el pensamiento cristiano a lo largo de las edades.

Él se ha esforzado mucho en seguir Mateo 25:40:

«Les digo la verdad, cuando hicieron alguna de estas cosas al más insignificante de estos, mis hermanos, ¡me lo hicieron a mí!».

Nuestra amistad y mutuo respeto han crecido a lo largo de los años, y hoy trabajamos juntos para construir un refugio para personas sin hogar aquí en el condado de El Dorado. Su amistad y apoyo han sido invaluables para mí desde 2006.

Ron Sachs

Doris Sachs

Ron Sachs

Ron Sachs con amigos sin hogar

CAPÍTULO CUATRO

Tipos de desamparados

Es una creencia generalizada que existen dos distintos grupos de personas sin hogar: los «transitorios» y los «crónicos». Básicamente, la diferencia entre ambos radica en su actitud hacia la falta de vivienda y por cuánto tiempo han estado viviendo en la calle. Por supuesto, todas estas categorías son simplificaciones excesivas, y muchas personas sin hogar viven entre ambas. Sin embargo, examinemos la diferencia y cómo afecta la forma cómo los percibimos y tratamos.

Las personas sin hogar transitorias son aquellos hombres y mujeres que, por lo general, acaban de perder su empleo y su hogar, cuyo cónyuge los ha abandonado, que acaban de regresar del combate o cuyos padres los han echado de casa. Este último grupo está compuesto principalmente por adolescentes en hogares de crianza. Todos ellos generalmente buscan trabajo y un lugar donde quedarse que los saquen de las calles, y, por definición, han estado sin hogar durante menos de un año. Algunos de este grupo tienen adicciones, y la mayoría puede cuidar de sí mismos.

Nuestra experiencia con las personas sin hogar transitorias es que solo necesitan un impulso, una mano amiga temporal que los lleve rápidamente hacia la corriente general de la sociedad. Muchos tienen problemas de adicción, y algunos tienen problemas mentales, que a menudo son las causas de su sinhogarismo. Este es el grupo al que la mayoría de las comunidades están más dispuestas a ayudar.

Las personas sin hogar crónicas, por otro lado, son aquellas que han estado sin hogar durante más de un año y generalmente tienen una actitud negativa hacia salir de ese estilo de vida. Muchos tienen adicciones y/o trastornos mentales. Este es el grupo al que la mayoría de las personas en la comunidad se niegan a ayudar por razones bastante obvias. Pocos de nosotros podemos entender sus actitudes, y nuestra cultura no puede aceptar por qué este grupo quiere quedarse donde está. Esto es un ejemplo de la sociedad imponiendo sus propias políticas y conjunto de creencias hacia otras personas que normalmente no las aceptarán.

He hablado con muchos miembros del grupo «crónico» a lo largo de los años, y sus historias tienden a ser muy similares. «Solía intentar encontrar empleo y salir adelante, pero normalmente era rechazado, y ahora no tengo ningún deseo de volver a la sociedad y prefiero vivir con mis hermanos y hermanas aquí en la calle». Cuando conocí a este grupo por primera vez, me sorprendió que alguien no quisiera salir de la situación de calle. Últimamente, he llegado a creer que no están siendo sinceros acerca de sus sentimientos sobre ser personas sin hogar.

Esto ilustra varios hechos importantes sobre las personas sin hogar crónicas. En primer lugar, han desarrollado un estilo de vida con el que están familiarizados. Saben cómo mantenerse seguros, pedir limosna para conseguir el poco dinero que necesitan y evitar el rechazo cada vez que se aventuran en la sociedad. Aunque no soy psicólogo, he observado esta actitud en muchos aspectos de la vida moderna. La realidad es que cuando una persona no puede alcanzar cierta meta en la vida, finalmente dice: «Oh, en realidad nunca quise lograr esa meta desde el principio. Estoy contento con donde estoy». Este tema recurrente ilustra la necesidad humana de no ser rechazado y de no «perder» cada vez que lo intentan.

Tenemos un hombre sin hogar crónico aquí en Placerville que se puede ver todos los días cerca de la entrada del restaurante de comida rápida McDonald's en Broadway. Es una figura local en la ciudad y siempre se para en la acera (sin camisa cuando hace buen tiempo) cerca de la entrada del estacionamiento. Nunca le dice nada a las personas que caminan por la calle o que llegan en automóvil. Simplemente las mira sin sonreír. Mucha gente, pensando que está hambriento, le entrega un billete. Él les agradece, guarda el billete en su bolsillo y se voltea para mirar a la siguiente persona.

En la ciudad está actualmente en vigor una ley contra la mendicidad, pero él no está técnicamente mendigando porque no habla con nadie ni pide dinero directamente. Vuelve loca a la policía porque lo que está haciendo es perfectamente legal, por lo que no pueden arrestarlo. Cuando hablas con este hombre, descubres que es bien educado y habla varios idiomas. Un amigo mío sin hogar me dijo una vez que cuando le preguntó a ese hombre por qué seguía siendo indigente, la respuesta fue: «¿Dónde más podría ganar $ 100 al día?»

La distinción señalada aquí parece ser importante para aquellas personas y organizaciones que apoyan a las personas sin hogar. Siempre nos han preguntado: «No están brindando ayuda a las personas sin hogar crónicas, ¿cierto?» Los ciudadanos de clase media normal podrían ser capaces de justificar para sí mismos que se ayude a los «pobres merecedores». Sin embargo, es otro asunto para aquellos que dicen estar satisfechos con su estilo de vida sin hogar, si de hecho lo están.

Esto plantea la pregunta de por qué hay un argumento moral más sólido para ayudar a un grupo de personas sin hogar y no al otro. ¿No necesitan ambos un techo sobre sus cabezas y comida para llenar sus estómagos? Muchas personas bien intencionadas deben considerar sus propias suposiciones y estilos de vida antes de comprometerse a ayudar.

En mi experiencia, las personas sin hogar crónicas tienden a necesitar más ayuda con problemas mentales y abuso de sustancias. Es un poco más fácil ayudar a las personas sin hogar transitorias. Por lo general, los condados están dispuestos a proporcionar programas de salud mental y otros servicios que ya están disponibles para sus residentes «normales». Desafortunadamente, parece que pocos están listos para proporcionar refugio para cualquier persona sin hogar.

Creo que más que cualquier otra cosa, el abuso de sustancias es el problema que más aleja a la comunidad de la causa de las personas sin hogar. Ciertamente, hay muchos hombres y mujeres sin hogar que beben demasiado alcohol o que son adictos a una droga u otra. La gente me pregunta: «¿El alcoholismo causa el sinhogarismo o el sinhogarismo causa el alcoholismo?" Estoy seguro de que tienen que ver un poco ambas cosas. Al principio, podría parecer que no importa, pero la forma cómo se abordan las causas se basa en cierta medida en sus adicciones y en cómo llegaron a ellas. Más adelante hablaré de ello.

Voluntarios en el Parque Lumsden

CAPÍTULO CINCO

UNITED OUTREACH

Después de un par de meses alimentando a las personas sin hogar en la Iglesia de Camino, Raj me preguntó un día si me gustaría unirme a la Junta Directiva de United Outreach. Shirley y yo nos estábamos acostumbrando a pasar una o más noches al mes en la iglesia visitando a las personas sin hogar, y acordamos que yo podría ser útil en la junta, así que acepté. Un par de meses después, Raj vino a mí y dijo: «Art, me voy del área por otro empleo y me pregunto si tomarías mi lugar como presidente de United Outreach». Me sorprendió, pero acepté la oferta.

Nuestra primera tarea fue decidir qué hacer con nuestro refugio en la iglesia dos veces por semana. Se acercaba el invierno y dos noches a la semana no eran suficientes para mantener con vida a los hombres y mujeres sin hogar cuando nevaba. Era evidente que no había suficientes voluntarios disponibles para ampliar la operación. Tendríamos que contratar a un profesional para supervisar el refugio, pero como no teníamos fondos para pagarle a nadie, acudí a la Junta de Supervisores del condado en busca de ayuda.

Afortunadamente, eso fue antes de que estallara la burbuja económica nacional, así que le pedí al condado que nos ayudara financieramente a manejar el refugio hasta abril del año siguiente. La Junta de Supervisores fue generosa y nos proporcionó suficiente financiamiento para mantener abierto el refugio en la iglesia durante el invierno. Según recuerdo, fue la primera y última vez que recibimos ayuda económica de una agencia gubernamental.

Contratamos a una mujer profesional para monitorear las operaciones y supervisar a nuestros voluntarios. El gimnasio de la iglesia ahora estaba abierto cinco noches a la semana y cerrado dos, para que la congregación tuviera acceso al gimnasio dos veces por semana.

Cualquier persona sin hogar era bienvenida a pasar las noches con nosotros, siempre y cuando se comportaran en el refugio. En consecuencia, algunas de las personas que entraban estaban en diferentes etapas de embriaguez al cruzar la puerta principal. Con algunas excepciones, esto no fue un gran problema, ya que la mayoría de nuestros desamparados que habían bebido demasiado se dirigían directamente a sus camas y se quedaban dormidos de inmediato durante la noche. La iglesia proporcionaba separadores, colchones, almohadas y mantas para los desamparados. Los voluntarios de las iglesias locales proporcionaban comidas calientes, bocadillos y bebidas para que los disfrutaran por las noches.

Varias mujeres de la Iglesia Federada le compraron un remolque de ducha a la agencia estatal de protección contra incendios y lo hicieron entregar a la iglesia para que lo usaran las personas sin hogar. Todas las noches, hacían fila para tomar duchas calientes. Por supuesto, la iglesia tuvo un aumento significativo en su factura del agua durante este período.

Durante ese invierno, ocurrió un acontecimiento muy triste en Placerville. Antes de que la Iglesia de Camino se abriera como refugio, muchos de los desamparados locales habían instalado carpas en la ladera detrás del Parque Lumsden. A lo largo de los meses viviendo en sus tiendas, los desamparados acumulaban pertenencias personales, todas almacenadas en tiendas que no se podían cerrar con llave. Dado que la posibilidad de robo era muy alta, muchos dudaban en abandonar sus tiendas por la noche y dormir en la cálida iglesia. Fue una decisión difícil para muchos.

Una noche de febrero, la temperatura cayó a menos de veinte grados. Una mujer aparentemente de unos cuarenta años había bebido demasiado una tarde y se desmayó, lo que le hizo perder el autobús que la habría llevado a la iglesia. Si decidió quedarse intencionalmente en su tienda esa noche o si perdió el autobús por accidente nunca se sabrá. A la mañana siguiente, la encontraron congelada hasta la muerte en su saco de dormir.

Muchos hombres y mujeres que de repente se quedaron sin hogar ese invierno no tenían experiencia viviendo en carpas y durmiendo en el suelo. Tuvieron que ser entrenados rápidamente en cómo sobrevivir al aire libre.

Un día, la enfermera de nuestra iglesia me llamó para decirme que una joven iba a ser desalojada de su apartamento al día siguiente y preguntó si podíamos hacer algo para ayudarla. Ella nunca había dormido en una carpa y no tenía idea de cómo sobrevivir al aire libre. Mi esposa, un amigo y yo fuimos a Big 5 y K-mart para comprar una carpa, un saco de dormir y otros artículos necesarios, y luego pasamos por el campamento de personas sin hogar en el Parque Lumsden.

Reuní a todos los desamparados que vivían allí y les dije que traería a una mujer al día siguiente que no tenía idea de cómo sobrevivir en una carpa. Les dije que su supervivencia era su responsabilidad y que los responsabilizaría personalmente si le sucedía algo. A la mañana siguiente, mi esposa y yo la recogimos, la llevamos al parque y le dijimos a los aproximadamente doce hombres que estaban allí: «Bien, aquí está. Volveremos mañana por la mañana y será mejor que ella esté viva». Todos asintieron, la escoltaron fuera del parque y subieron a la ladera detrás.

A la mañana siguiente, conduje al parque y vi a un gran grupo de hombres y mujeres sin hogar sentados alrededor de una mesa en banquillos, conversando. Me acerqué para ver a nuestra nueva amiga sin hogar sentada en el centro del grupo, hablando y gesticulando, disfrutando de la atención de todos. Uno de los hombres sin hogar se volteó hacia mí y dijo: «Bueno, como puedes ver, Art, sobrevivió». Habían nivelado un claro en el bosque, montado su tienda, inflado su colchón de aire, extendido su saco de dormir y almohada, y le dieron instrucciones sobre cómo sobrevivir en la naturaleza. Resultó ser la sensación del campamento durante las varias semanas que estuvo allí.

Cuando el refugio de los Adventistas del Séptimo Día cerró a finales de esa primavera, United Outreach se concentró en encontrar un nuevo lugar para un refugio para desamparados, pero primero tuvo que resolver un asunto importante con la Iglesia de Camino.

El pastor Klatt, quien también era miembro de nuestra junta, nos dijo un día que el grupo de personas sin hogar que había estado pasando las noches de invierno en la iglesia había dañado gravemente el piso del gimnasio. Se trata de una cancha de baloncesto, y el piso estaba construido de madera dura acabada que estaba muy pulida. Muchos hombres sin hogar usaban botas grandes mientras caminaban sobre un piso que solo estaba destinado a soportar zapatos deportivos. El daño resultante fue grave.

Le dije al pastor Klatt que reparara el piso y que United Outreach cubriría los gastos. Unas semanas después, me presentó una factura por varios cientos de dólares y le hice un cheque por la cantidad completa. Esto afectó significativamente nuestros recursos, pero no permitiría que su generosa iglesia pagara los daños causados por nuestra población de personas sin hogar.

Cuando los hombres y mujeres sin hogar fueron expulsados de la iglesia y regresaron a sus carpas cerca del Parque Lumsden, me embarqué en la búsqueda de un lugar para un refugio permanente para desamparados.

CAPÍTULO SEIS

DON R.

La travesía de Don hacia Hangtown Haven inició cuando comenzó a trabajar para una gran empresa en sus veintitantos, aunque duró en ella algunos años. No pasó mucho tiempo antes de que decidiera que quería hacer más que encontrar formas de ahorrar ganancias para la empresa y aumentar el valor de sus acciones. Era joven, idealista y quería marcar la diferencia.

Decidió regresar a la universidad y especializarse en Biología. En ese momento, quería obtener un título superior en Ciencias Marinas y convertirse en el próximo Jacques Cousteau. Sin embargo, cuando estaba terminando su educación universitaria, el divorcio se avecinaba y la realidad se hizo presente. Necesitaba trabajar para pagar la manutención de sus hijos.

Un título universitario en Biología no vale mucho; uno puede conseguir un trabajo mal remunerado y aburrido en un laboratorio, pero eso es todo. Don logró obtener un puesto en el Estado de California en un trabajo totalmente no científico en la Junta de Personal del Estado. Disfrutaba del trabajo y se quedó allí durante aproximadamente tres años antes de que surgiera la oportunidad de trasladarse a la Junta de Recursos del Aire, de la Agencia de Contaminación del Aire de California. A los 32 años, finalmente estaba trabajando en un lugar donde podía utilizar su educación científica y contribuir para mejorar el mundo. Después de 27 años en la ARB, Don se jubiló a los 59 años. La ARB era un lugar excepcional pero estresante para trabajar, y él estaba agotado.

Don y su esposa decidieron mudarse a algún lugar con más belleza natural que el Valle de Sacramento, y se establecieron en Placerville, California, en las estribaciones de la Sierra. Al estar jubilado y tener mucho tiempo libre, buscó oportunidades de voluntariado que beneficiaran a las personas desfavorecidas en la zona. Trabajó como voluntario en el Banco de Alimentos del Condado de El Dorado durante algunos meses, pero eso implicaba principalmente trabajo de oficina, y él quería algo más práctico. Luego, Don se acercó al Centro de Recursos Comunitarios, una organización local sin fines de lucro que desea conectar a la comunidad desfavorecida con servicios para ayudarles a mejorar sus vidas. Debido a la variedad y cantidad de clientes en el

CRC, rara vez había un momento aburrido, ya que hombres y mujeres sin hogar acudían todos los días.

Durante su tiempo en el CRC, un refugio local para personas sin hogar abrió sus puertas, Hangtown Haven. Se creó como un campamento autogobernado para las personas sin hogar. Un consejo comunitario compuesto por personas sin hogar se encargaba de la operación diaria del campamento y, lo que es aún más importante, hacía cumplir las reglas tan estrictas que los residentes no podían violar sin ser expulsados del campamento.

Durante los primeros días del campamento, había un ambiente un poco como del «salvaje oeste» que hizo que Don se preguntara si sería viable a largo plazo. Después de algunos meses de funcionamiento, la Junta Directiva de Hangtown Haven, Inc. decidió que el campamento necesitaba un componente de voluntariado para proporcionar un entorno más estable para los residentes. La experiencia de Don en el CRC le indicó que este enfoque tenía sentido y que era factible. Muchas de las personas sin hogar solo necesitaban un poco de refuerzo positivo por parte de alguien que había tenido éxito en la vida para animarlos a mejorar su situación. Quedó muy impresionado con lo que vio en Hangtown Haven. La llegada de voluntarios externos demostraría ser una forma de estabilizar el campamento y tener un efecto tranquilizante en su atmósfera.

Don se ofreció como coordinador de voluntarios, y eventualmente le pedí que también fuera director de operaciones de Hangtown Haven después de la renuncia de Ron Sachs. Don y yo siempre nos hemos tenido un gran respeto mutuo, y creo que Don tuvo problemas negándose a mi solicitud. Como coordinador de voluntarios, tenía la responsabilidad de reclutar y organizar a los nuevos voluntarios. Funcionó bien, ya que algunos de los nuevos voluntarios también reclutaron a personas que conocían. Don reclutaba principalmente a través de publicidad en la prensa local, contactando iglesias y organizaciones de servicio, y hablando con cualquiera que demostrara interés. Los voluntarios experimentados capacitaban a los nuevos voluntarios. Todos estábamos muy satisfechos con la calidad de los voluntarios que podíamos reclutar. Este fue un maravilloso grupo de personas muy dedicadas de las que ahora nos sentimos orgullosos de llamar buenos amigos. Trabajar juntos en un entorno como Hangtown Haven y compartir los éxitos que logramos allí resultó en amistades duraderas y sólidas.

Después de algunos meses y un par de pequeños tropiezos, Hangtown Haven tuvo mucho éxito. Habíamos comenzado a desarrollar la experiencia y los contactos para alinear a los residentes de Hangtown Haven con servicios y oportunidades de empleo. Algunos ejemplos: Fred (no es su nombre real) llegó al campamento desde un ambiente muy difícil. Varias personas que usaban metanfetaminas vivían en la misma casa, y Fred era diabético, además de ser un alcohólico y adicto a las drogas. Llegó a Hangtown Haven en muy mal estado. Algunos voluntarios ayudaron a Fred a unirse a grupos de Alcohólicos Anónimos y terapia de drogas. Don también le enseñó cómo comprar y preparar alimentos saludables para mitigar sus problemas de diabetes. No estaba tomando insulina regularmente, y Don le ayudó a apegarse más a ello. La vida de Fred mejoró rápidamente, y él estaba muy agradecido por todos los esfuerzos en su nombre.

«Betty» estaba embarazada y acampaba ilegalmente sin recibir la atención médica ni el cuidado prenatal adecuado en el campamento. Le proporcionaron una carpa y un lugar seguro para quedarse en Hangtown Haven. Estaba muy nerviosa con respecto a todo y todos. Una de las voluntarias femeninas tomó a Betty bajo su protección, ganó su confianza y la conectó con una agencia local para recibir la atención prenatal adecuada.

Desafortunadamente, justo cuando estábamos empezando a conseguir muchas historias de éxito, nuestra licencia temporal expiró en noviembre de 2013 y la Ciudad de Placerville se negó a renovarla. A pesar de que operábamos sin costo alguno para la ciudad o el condado, la política se interpuso y, así como así, nos cerraron. Tuvimos que sacar todo y desalojar a todos de la propiedad en solo dos semanas. Si bien esto fue un golpe emocional para Don a nivel personal, fue una catástrofe para los residentes. Además de perder el apoyo proporcionado por la organización, Hangtown Haven, los residentes tuvieron que encontrar otro lugar para vivir o tal vez simplemente sobrevivir. Estábamos entrando en el comienzo del clima invernal y la única alternativa disponible para la mayoría de los residentes era el programa de Refugio Nómada de Invierno, que es muy limitado en lo que puede proveer.

Don Rake

CAPÍTULO SIETE

SUBVENCIÓN PARA LOS DESAMPARADOS

A finales de la primavera de 2007, nos enteramos de que el Estado de California estaba ofreciendo subvenciones a los condados para construir y manejar refugios para personas sin hogar en sus comunidades. El condado de El Dorado le pidió a United Outreach que encontrara un terreno adecuado para un refugio para personas sin hogar, diseñara una edificación en él y desarrollara un sistema operacional que garantizara un refugio permanentemente exitoso para los desamparados. Dado que United Outreach era la única corporación sin fines de lucro en el condado que había manejado su propio programa exitoso de refugio nocturno, fuimos una elección natural como socios del condado. También se me instruyó escribir una propuesta al condado con los costos y diseños asociados cuando encontrara la propiedad. Luego utilizarían mi propuesta para solicitarle la subvención al estado. Según recuerdo, la subvención ascendía a aproximadamente 1.5 millones de dólares.

En ese momento, United Outreach había ampliado su junta directiva a seis personas y estábamos recaudando dinero de la comunidad basándonos en nuestro éxito del año anterior. Mi antiguo amor de la escuela secundaria en Walnut Creek, quien era la dueña millonaria de una empresa de seguros, me envió un cheque de $ 10.000 para ayudar a nuestra causa. Estábamos en la cima del mundo mientras buscaba en el condado un edificio o una propiedad que pudiera utilizarse como refugio para personas sin hogar. Para comenzar la búsqueda, conté con la ayuda de un agente inmobiliario de Coldwell Banker, quien me proporcionó direcciones y me acompañó mientras recorríamos el condado.

Solía salir varias veces a la semana en busca de una propiedad que cumpliera con los requisitos estatales y del condado para un refugio capaz de albergar a unos cincuenta hombres y mujeres. Por solo $ 1.5 millones, una edificación existente tendría que formar parte de la propiedad.

Me llevó un tiempo, pero finalmente encontré una propiedad en Camino, en el Pony Express Trail (antigua Carretera 50). Tenía una edificación adecuada que, con algunas modificaciones, podría albergar a cuarenta o cincuenta personas sin hogar en un estilo de vida tipo cuartel. Me puse a trabajar en mi mesa de dibujo para crear un diseño que ampliara la edificación existente.

Fue alrededor de este momento cuando conocí a un hombre que se convertiría, y continúa siendo, un muy buen amigo. Su nombre es Peter Wolfe, un arquitecto licenciado que ejerce aquí en la ciudad. Un día entré en su oficina en Broadway para pedirle que me ayudara a resolver los requisitos legales y de diseño para una edificación que pudiera alojar a cincuenta personas. Descubrí que era un oficial retirado de la Guardia Costera, así que compartimos historias marítimas en nuestra primera reunión y avanzamos poco en el diseño de nuestro refugio para personas sin hogar. Rápidamente, Peter creó una hermosa representación de la edificación tal como la diseñaríamos, y yo elaboré un plan operativo para presentárselo al condado. Peter estaba, y continúa estando dedicado a ayudar a las personas sin hogar, y todavía esperamos construir un refugio para personas sin hogar juntos algún día.

La propiedad había sido arrendada a la Iglesia Luterana, pero la congregación se estaba mudando a una nueva ubicación, por lo que la propiedad estaba en alquiler. El propietario, un joven muy amable cuyo nombre he olvidado, estaba muy emocionado de que se usara su edificación como refugio para personas sin hogar. Había vivido en el vecindario durante la mayor parte de su vida y me aseguró que podría convencer a sus vecinos de que tener un refugio para personas sin hogar en su vecindario no sería un problema. Pensé que estaba siendo demasiado optimista, pero no hice nada para desalentar su entusiasmo.

Este podría ser un buen momento para abordar un tema secundario importante, que es la falta de entusiasmo de los propietarios de viviendas de tener un refugio para desamparados en su comunidad. Es probablemente obvio para quienes leen esta historia que muchas personas consideran que tener personas sin hogar viviendo cerca es una señal segura de que los valores de las viviendas colapsarían cuando se corriera la voz. Sin embargo, no habíamos experimentado este problema en nuestro refugio de la Iglesia Adventista ubicado justo al final de la carretera. No obstante, no es fácil predecir con precisión cómo responderá una comunidad vecina al tener un refugio para desamparados en su vecindario.

Esta situación no es muy diferente de la que ocurrió durante las décadas de 1950 y 1960, cuando los agentes inmobiliarios utilizaban tácticas de miedo para advertir a las personas que «los afroamericanos se estaban mudando al vecindario, así que sería mejor poner su casa en el mercado antes de que el valor de su vivienda disminuya aún más». Es posible que los valores de las viviendas hayan disminuido cuando los propietarios pensaron que las «personas sin hogar» estaban llegando, pero creo que cualquier disminución se debió más a las tácticas de miedo utilizadas por algunos fanáticos.

En California, los refugios para personas sin hogar solo pueden construirse en zonas designadas, generalmente «comerciales». Normalmente, hay pocas viviendas en estas zonas porque las casas suelen construirse en áreas de «viviendas unifamiliares», no comerciales. No existe una forma general de abordar este problema que yo conozca, pero estábamos preparados para mudarnos a nuestro nuevo hogar en Camino a ver qué sucedía. Todo lo que necesitábamos era el apoyo del condado y la aprobación de la subvención estatal.

CAPÍTULO OCHO

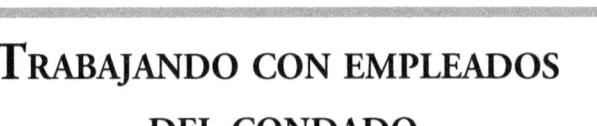

TRABAJANDO CON EMPLEADOS DEL CONDADO

Todo iba bien hasta que le informé al condado que habíamos encontrado una edificación en Camino. En lugar del entusiasmo que esperaba, me encontré con miradas frías. Los líderes del condado no me dijeron que «no»; simplemente me remitieron a un hombre que se convertiría en mi buen amigo, Mike Applegarth, un analista administrativo en jefe del condado de El Dorado. Obviamente, le habían asignado la tarea de llevarme en la dirección que el condado deseaba.

Mientras conducíamos un día, Mike me preguntó: «Art, ¿te interesaría ver una propiedad que podría usarse para un refugio para desamparados que no sea el que encontraste en Camino?»

«Claro. ¿Por qué no?»

Era evidente para mí que Mike me estaba transmitiendo un mensaje importante que no quería entregar directamente. No me importaba qué propiedad usáramos, siempre y cuando pudiéramos albergar a personas desamparadas en ella. Mike continuó: «Esta propiedad es del condado y, por lo tanto, no costaría nada. Ya tiene tres edificaciones y está lista para funcionar».

Me emocionaba cada vez más mientras él me llevaba por la carretera Missouri Flat. Giró hacia el sur y luego inmediatamente a la izquierda en Perks Court. La carretera se curvaba de regreso a la autopista y luego se extendía junto a ella mientras descendía hacia el arroyo Weber. Pronto llegamos a la propiedad, y Mike se detuvo frente a una edificación.

Al bajarnos del auto, dije algo como: «Es una hermosa propiedad con dos casas y un granero. Se ve genial, pero ¿quizás necesite más estructuras? Hay dos casas y un granero en ella, y es plana y está relativamente apartada». Sin embargo, pronto Mike me proporcionó una pieza vital de información.

«Esta propiedad tiene un problema como un refugio para personas sin hogar, Art. Está zonificada como residencial, no comercial. Como sabes, eso significa que solo podemos alojar a seis personas no relacionadas en estas edificaciones».

«De acuerdo, entonces cambiamos la zonificación. ¿Qué tan complicado es eso? Los dos terrenos junto a este están zonificados como comerciales. ¿Por qué este es residencial?»

«Cambiar la zonificación no es imposible, pero puede ser extremadamente difícil. Sin embargo, podemos abordar eso más adelante. Ahora mi pregunta es: ¿crees que podríamos usar estas estructuras para un refugio para personas sin hogar?», preguntó Mike.

«Sí, absolutamente», respondí después de mirar un poco alrededor.

La edificación principal era una casa de tres dormitorios y dos baños con una sala de estar de buen tamaño. El departamento de ingeniería del condado lo estaba utilizando como oficina de campo, y el ingeniero destinado allí no parecía muy contento de verme. Al parecer, le habían dicho que estaba a punto de perder su oficina.

Después de un recorrido completo, Mike me dijo: «El condado prefiere que utilices esta propiedad, Art, en lugar de la de Camino», podía percibir la política en el ambiente. «Si conseguimos esa subvención estatal, tal vez podamos convencer a la junta de aceptar un cambio de zonificación, y podríamos construir un refugio grande en ella», asentí con escepticismo.

«De acuerdo, trabajaré en una propuesta y un diseño que incluiría una edificación adicional aquí y trataré de conseguir la aprobación», este sería mi segundo (o tercer) diseño de un refugio para personas sin hogar, pero si eso es lo que el condado quiere, así sería. Me puse a trabajar en mi mesa de dibujo.

Varias semanas antes, el Distrito de Riego del Condado de El Dorado ofreció donarle a United Outreach una casa prefabricada de tres dormitorios que ya no necesitaban, con la condición de que pagáramos por su traslado. Cuando vi la propiedad en Perks Court, pensé que había espacio en la parte trasera de la propiedad para esta casa, así que invité a Montgomery Contractors en Sacramento para que fueran y me dieran un precio por trasladar la casa desde la estación del EID justo al este de Pollock Pines, hasta la propiedad en Perks Court. El dueño, Steve Montgomery, me dio un precio de $ 10.000, así que me puse a trabajar en recaudarlo.

Mi plan era construir un refugio de varias plantas en la parte frontal (norte) de la propiedad y luego utilizar la casa existente y la nueva casa del EID para albergar a familias. Cuando su zonificación se cambiara a comercial, o cuando pudiéramos conseguir un Permiso de Uso Especial, no habría restricciones en la cantidad de personas que podríamos alojar allí.

Rápidamente recaudamos suficientes fondos para trasladar la vivienda del EID y contratamos su traslado. Todo salió bien y ahora teníamos cuatro edificaciones en la propiedad. Sin embargo, la zonificación nos permitía alojar solo a seis personas sin hogar en la edificación principal.

Entonces comencé a preparar una propuesta para la subvención estatal basada en la construcción de un refugio para personas sin hogar en la propiedad del condado en Perks Court.

Una vez más, leí las condiciones de la subvención que el estado le proporcionó al condado. Pero esta vez vi algo que había pasado por alto antes. Por primera vez, vi en las letras pequeñas de la subvención un requisito que parafraseo aquí:

«El condado que recibe esta subvención le garantizará al estado que, después de cinco años, recaudará la cantidad equivalente de dinero que se encuentra en esta subvención a nivel local y lo utilizará para continuar este proyecto más allá de los cinco años. Si el condado no puede recaudar la cantidad en los primeros cinco años, acuerda devolver la subvención al estado en su totalidad».

Me sorprendió tanto haber pasado por alto este requisito la primera vez. Inmediatamente llamé a Mike y se lo comenté. Él dijo que me devolvería la llamada. Más adelante, me llamó para decirme que la Junta de Supervisores del Condado abordaría el tema en su próxima reunión la semana siguiente. No había duda en mi mente de que la junta se negaría a seguir adelante con la subvención y las personas sin hogar se quedarían sin refugio nuevamente.

En un intento por evitar el rechazo completo del condado al plan de ayudar a las personas sin hogar, redacté una carta a la Junta Directiva el 04 de octubre de 2008, que esperaba que leyeran antes de su próxima reunión. Se puede leer la carta al final de este capítulo, pero en esencia proponía a la junta que, si rechazaban la subvención debido a este requisito, United Outreach respaldaría esa decisión. En lugar de esta subvención, propondríamos que el condado le arrendara a United Outreach la propiedad de Perks Court por un dólar al año y nos permitiera administrar un refugio para personas sin hogar en la edificación existente, limitado a seis mujeres y niños sin hogar a la vez. Esto no era lo que yo había esperado, pero parecía que era todo lo que podíamos conseguir. Mi plan era que una vez que obtuviéramos la propiedad, podríamos solicitarle a la junta que cambiara su zonificación de residencial a comercial y podríamos construir un refugio en ella.

Mientras tanto, la Junta de Supervisores me había preguntado si podría garantizar que United Outreach podría recaudar 1.5 millones de dólares en donaciones para igualar la subvención estatal dentro del plazo requerido por la propuesta de la subvención. Por supuesto, dije que haríamos todo lo posible para recaudar esa cantidad, pero ciertamente no podía garantizar el éxito.

Fui honesto, pero no era lo que la junta quería escuchar. En la siguiente reunión de la junta, sacaron el tema. Creo que testifiqué diciendo que sería difícil para nuestra comunidad recaudar esa cantidad de dinero y que podría recaer en el condado pagarlo con los ingresos fiscales. No les gustó eso y votaron para rechazar la subvención, como yo sospechaba que harían.

Miembros de la   05 de octubre de 2008
Junta de Supervisores
del Condado del Dorado

Queridos miembros de la junta:

Como saben, United Outreach está colaborando con el condado para proporcionar un refugio para personas sin hogar y un programa de recuperación aquí en el condado de El Dorado. El éxito de este programa depende de la obtención de una subvención del estado, que, según entendemos, pronto se presentará ante la Junta de Supervisores para su aprobación. Hemos estado trabajando con las agencias del condado para desarrollar un presupuesto, seleccionar un sitio y planificar un programa de recuperación que se presentará para su consideración, y de este modo, acepten la subvención estatal con confianza.

En conversaciones recientes con las agencias del condado, hemos descubierto que la subvención estatal llega al condado con ciertos requisitos extremadamente estrictos. Al parecer, el estado exige que United Outreach garantice que seguirá recibiendo fondos suficientes para operar con éxito durante un período de cinco años más allá del final de la subvención de tres años. Esta estipulación requiere que demostremos que estas fuentes de financiamiento estarán disponibles al menos ocho años en el futuro. Este requisito no se puede cumplir.

United Outreach es una organización voluntaria y sin fines de lucro dedicada al apoyo de las personas sin hogar en el condado, y depende en su totalidad de la generosidad de individuos, iglesias, organizaciones civiles y jurisdicciones gubernamentales para su supervivencia. Es imposible garantizar la existencia o continuidad de este apoyo durante ocho años. La mayoría de los indicadores conocidos demuestran una disminución continua en la economía de nuestra comunidad, sin una fecha conocida para una recuperación y un retorno a las condiciones financieras previas a la Recesión.

Entendemos que los resultados del posible fracaso financiero del refugio para desamparados durante los próximos ocho años implicarían que el condado retribuyera la subvención de 1.47 millones de dólares de su recaudación de impuestos. Además, el fracaso financiero también resultaría en que no se otorguen subvenciones estatales al condado durante muchos años. No podemos, de buena conciencia, poner a nuestro condado en esa posición. Dado que no podemos garantizar que United Outreach pueda mantener un flujo continuo de ingresos durante ese período, solicitamos respetuosamente que ya no se nos considere como participantes en el contrato de subvención estatal.

United Outreach continuará buscando apoyo financiero del sector privado con la esperanza de proporcionar un refugio y un programa de recuperación para las personas sin hogar de nuestro condado. Agradecemos al condado y a sus agencias por su ayuda, apoyo y aliento durante los tres años de nuestra existencia.

Atentamente,

Art Edwards, presidente,
United Outreach

Permíteme retroceder un poco. El supervisor Jack Sweeney y yo nos habíamos reunido en privado durante varias semanas antes de la reunión de la junta. Yo había elaborado un diseño de la edificación en Camino y se lo presenté antes de que supiésemos sobre Perks Court. A él pareció gustarle la idea, pero hizo un comentario muy significativo durante nuestra reunión:

«Haré todo lo que pueda por ayudar a las personas sin hogar que están tratando de salir del sinhogarismo, pero no haré nada por ayudar a las personas sin hogar crónicas que tienen la intención de pasar toda su vida en esa situación», aquí está nuevamente ese antiguo argumento de «crónico versus transitorio».

Respeté la posición de Jack y aún lo considero un buen amigo, aunque no siempre estuve de acuerdo con su postura. Ahora está jubilado, pero al menos estuvo dispuesto a arriesgarse y arrendarnos una parte de la propiedad del condado en la que pudiésemos alojar a seis desamparados. En este condado, eso fue un gesto valiente, considerando la oposición. Cuando le pregunté sobre su decisión más adelante, él dijo: «He sido supervisor electo durante tantos años que nadie se molesta en postularse en mi contra. Realmente no me importa lo que piensen las personas. Solo voy a hacer lo correcto». Me sigo quitado el sombrero ante ti, Jack.

Debido a que la oferta de subvención del estado no era viable, le hice la siguiente contraoferta a la junta.

PRESENTACIÓN PARA LA JUNTA DE DIRECTORES 08-25-09
POR: ART EDWARDS

1. <u>INTRODUCCIÓN</u>

A. Decisión de la subvención de 1.47 millones de dólares

B. Perks Court está disponible

2. <u>RESUMEN DE LA CARTA</u>

A. Requisito de devolver 1.47 millones de dólares en caso de impago

B. No podemos garantizar la recaudación de esa cantidad de dinero

C. Impago significa no poder recaudar $ 24.000 al mes

D. Es decisión del condado aceptar o rechazar la subvención

E. Los apoyaremos si deciden rechazar la subvención

3. <u>A UNITED OUTREACH LE GUSTARÍA HACER UNA PROPUESTA ALTERNATIVA</u>

A. Si la subvención es rechazada, arriéndenos Perks Court por $ 1 al año durante 20 años

B. Entonces, permítannos desarrollar la propiedad y el programa para personas sin hogar

C. Diseñaremos y construiremos un centro para personas sin hogar

D. No hemos podido recaudar mucho dinero porque no tenemos propiedad

E. Empezaremos poco a poco. Llevará tiempo. Ejemplo de Santa Cruz

F. La principal ventaja sería que no habría ningún estado mirándonos por encima del hombro

4. HEMOS DIVIDIDO EL PROYECTO EN SIETE FASES PARA MAYOR CLARIDAD

A. Preparar la propiedad e iniciar el proceso de Permiso de Uso Especial.

B. Seis personas sin hogar en la vivienda existente

C. Entrega de una tercera edificación del EID

D. Construir e instalar los servicios públicos

E. Diseñar la configuración final de la parcela y la edificación

F. Cuando finalice el SUP, comprar e instalar edificaciones adicionales

G. Construir una edificación común

5. NO TENEMOS FONDOS AHORA

A. Construiremos a medida que dispongamos de dinero

B. Sacará a los desfavorecidos de las calles de Placerville

6. LA UBICACIÓN ES PERFECTA

A. EDC, el centro de salud comunitario, está cerca

B. Hay restaurantes cerca

C. El servicio de autobús está cerca

D. El banco de alimentos está cerca

E. KMART está cerca

7. EL VECINDARIO MÁS CERCANO ESTÁ A UN CUARTO DE MILLA

A. Invisible desde la autopista

8. LA ZONIFICACIÓN NO ES ADECUADA, NECESITARÁ UN PERMISO DE USO ESPECIAL (SUP)

9. OBRAS VIALES

A. El diseño parece indicar que la vía no ocupará demasiado espacio de la propiedad

B. Haremos lo que nos pida el condado o el contratista. ¡Somos flexibles!

C. Suponemos que el condado desplazará la vía para adaptarla a las tres propiedades que posee.

10. <u>SE ACERCA EL INVIERNO</u>

A. La gente está viviendo en bosques y parques, lo que aumenta el peligro de incendios en el condado

B. United Outreach está proporcionando alimentos y habitaciones en moteles

C. Ese dinero se acabará pronto

11. <u>RESUMEN</u>

Esperamos que el condado colabore con United Outreach para proporcionar los cimientos de una instalación para personas sin hogar y nos permita desarrollar su propiedad en Perks Court para hacer instalaciones de primera clase para personas sin hogar.

La junta nunca respondió a mi propuesta, así que hice otra sugerencia:

PROPUESTA PARA EL CENTRO DE ALOJAMIENTO TRANSITORIOEN PERKS COURT

Esta fue una propuesta que escribí para la Junta de Supervisores, con el objetivo de cambiar la zonificación de «Residencial» a «Comercial» en la propiedad de Perks Court. De esta manera, podríamos alojar a más de seis residentes sin hogar en ese lugar.

En lugar de que el condado acepte la subvención estatal para personas sin hogar de 1.47 millones de dólares, United Outreach propone la siguiente alternativa:

Nuestra propuesta es que el condado rechace la subvención estatal y, en su lugar, le arriende la propiedad de tres acres en Perks Court a United Outreach durante veinte años por un dólar al año, con efecto inmediato. Esto permitirá que United Outreach comience a recaudar fondos para construir un centro de transición para personas sin hogar en la propiedad, sin que los requisitos temporales y presupuestarios del estado pesen sobre la cabeza del condado. Con donaciones privadas, regalos corporativos y subvenciones gubernamentales, United Outreach comenzará de inmediato el diseño y la construcción de un centro moderno para personas sin hogar en el lugar, sin costo alguno para el condado. A medida que los fondos estén disponibles, se logrará lo siguiente:

1. Con la ayuda del condado, se cambiará la zonificación de la propiedad de «Residencial» a «Comercial», y se completará todo el diseño de ingeniería.

2. El borde oeste de la propiedad se recortará aproximadamente ocho pies y se construirá un muro de contención de seis pies.

3. Se ampliará el sistema séptico.

4. Se ampliará el suministro de agua y energía.

5. La edificación del EID se llevará e instalará a lo largo del lado este de la propiedad.

6. Se llevará e instalará un remolque portátil con ducha y lavandería.

7. Las edificaciones existentes se limpiarán, modificarán según sea necesario y se prepararán para alojar a familias sin hogar.

8. Se instalarán baños portátiles.

9. Se diseñará un refugio para el segmento noroeste.

10. Se construirá un refugio.

Arrendarle Perks Court a United Outreach tiene varias ventajas:

- No le cuesta nada al condado, excepto el apoyo adecuado del personal.

- El condado ni United Outreach están limitados por los plazos impuestos por el estado.

- El sitio se ampliará a medida que haya fondos disponibles.

- Tener un sitio simplifica el proceso de recaudación de fondos para United Outreach y el condado.

- El sitio estará disponible para los ingenieros viales del condado si es necesario para la construcción de la intersección de Missouri Flat.

- El condado estará haciendo algo positivo por las personas sin hogar.

Lamentablemente para las personas sin hogar, la junta no tomó ninguna decisión con respecto a esta propuesta, y la propiedad sigue zonificada como «residencial» hasta el día de hoy. Seis personas sin hogar se mudaron a la vivienda, pero la edificación del EID sigue desocupada.

Edificaciones de Perks Court

Perks Court

CAPÍTULO NUEVE

KEN G.

Kes el segundo de 4 hijos y el único niño en la familia. Siempre decía que la parte responsable de su vida comenzó cuando tenía aproximadamente doce años. Recuerda que realmente quería una patineta. Sus padres le dijeron: «Si deseas algo lo suficiente, trabajarás por ello, y si trabajas por ello, te ayudaremos». Ken cortó césped y realizó trabajos de jardinería durante todo el verano y ahorró suficiente dinero para comprar la mejor patineta disponible. Su mamá dijo que era responsable y que estaba orgullosa de él. Fue la primera vez en su vida que se dio cuenta de que había hecho sentir orgullosa a su mamá.

No fue un buen estudiante en la escuela. El verano de su decimotercer año, su mamá y su padrastro se divorciaron, y su padrastro dejó a la familia. Ken sintió que era su responsabilidad asumir el cuidado de la familia. Trabajó todo el verano para comprar un solo ternero, para que así su familia pudiera tener un congelador lleno de carne. Una vez más, su mamá estaba orgullosa de él, pero probablemente esa fue la última vez, por muchos años, que recuerda que su mamá le dijo que estaba orgullosa de él.

Cuando tenía dieciséis años, abrió su propio negocio de pintura y abandonó la escuela. Con el negocio llegaron más responsabilidades, y tener más dinero lo llevó a las adicciones. Entre los dieciséis y los veinticuatro años, básicamente trabajó para comprar drogas y alcohol. Perdió su negocio a los 25 años y terminó en Nevada.

Fue allí donde formó su primera familia con una esposa y dos hijos. Comenzó a trabajar en uno de los casinos, ganando un buen salario. Desafortunadamente, su ingreso condujo a la destrucción de su familia al darle acceso a las drogas y el alcohol. Entonces se volvió a casar a medida que aumentaban sus ingresos y continuaba trabajando en los casinos en mejores puestos. Tuvo cuatro hijos más, pero no aprendió de los errores anteriores. Perdió la custodia de sus cuatro hijos y fue a la cárcel por primera vez.

Se mantuvo desintoxicado durante un corto período de tiempo, lo suficiente para recuperar a sus hijos, y, junto con su esposa, mudarse a California. Consiguió un empleo en un parque de casas rodantes en el condado de Amador, pero pronto volvió a consumir drogas. Esto hizo que su esposa se llevara a los niños y se mudara a Reno, por lo que él también se trasladó a Reno para estar cerca de su familia. Desafortunadamente, no estaba desintoxicado, ni en el estado mental adecuado para ayudar a su esposa e hijos. Como resultado, ambos fueron a la cárcel y perdieron la custodia permanente de su familia. Ken no los ha visto desde 2005.

Eventualmente se mudó a Arizona a vivir con su madre. Pudo llevar a sus hijos a Arizona para pasar una Navidad estupenda con su mamá y su familia. Después de que sus hijos regresaran a Nevada, continuó drogándose una y otra vez. Vivió en Arizona durante aproximadamente un año y estuvo drogado todo el tiempo. Su madre finalmente decidió que ellos debían regresar al condado de Amador. Se mantuvo despierto durante una semana empacando y luego llevó a su madre de regreso al condado de Amador. Descargó el camión de mudanza en un almacén y se quedó con algunos amigos. En nuestro viaje de regreso, su amigo condujo el camión y él llevó a su madre en su automóvil.

Mientras conducía a sesenta y cinco millas por hora, se quedó dormido al volante. El automóvil derrapó, chocó al auto que iba adelante y entonces salió fuera de la carretera. Cuando sacó a su mamá del auto, ella estaba inerte y parecía sin vida. Esa fue la primera vez que recordó que Dios intervino en su vida y tomó el control. Dios estaba a cargo. Afortunadamente, el accidente ocurrió justo al lado de una estación de bomberos. Solo tomó un minuto para que los bomberos llegaran y comenzaran a ayudar a su mamá hasta que llegó un helicóptero nueve minutos después.

El bombero a cargo le dijo a su amigo que sabía que Ken estaba intoxicado, pero que ya tenía bastante con lo que lidiar y que simplemente llevara a Ken a casa. Su mamá pasó tres semanas en coma y tres meses en rehabilitación en el hospital. Durante el próximo año, Ken se sumergió más en las drogas, saltando de un sofá a otro tratando de mantenerse drogado. Había tenido suficiente de la vida, y nada parecía funcionar, las cosas solo empeoraban. Su mamá finalmente regresó a Arizona para que su hermana mayor pudiera cuidar de ella. La única buena noticia sobre el accidente fue que, aunque le habían dado seis meses de vida, su EPOC pareció mejorar y todavía está viva en la actualidad.

Él definitivamente estaba en su punto más bajo, y estando solo, necesitaba a su familia. Él sabía que su hermana Kim estaba en situación de calle en Placerville, viviendo en una carpa. Así que, en la mañana del 04 de noviembre de 2011, agarró un maletín y lo llenó con toda la ropa que cupiera, y caminó cuesta arriba desde Plymouth hasta Placerville. En los límites de la ciudad de Placerville, alguien lo recogió y le dio un aventón hasta el Upper Room a última hora de la tarde. Las únicas personas dispuestas a ayudarlo sin hacer preguntas fueron las personas sin hogar en Upper Room. Le mostraron cómo ir a los refugios donde él vivió mientras buscaba a su hermana.

Le llevó dieciséis días encontrarla, y él cree que fue gracias a las oraciones de Patricia en la Iglesia de la Comunidad de Green Valley lo que lo hizo posible. Mientras estaba en los refugios, lo presentaron al Centro de Recursos Comunitarios de Upper Broadway en Placerville, donde conoció a personas maravillosas. Pasó tiempo con todos durante aproximadamente dos meses y finalmente se dio cuenta de que podía vivir sin drogas y realmente podría lograr algo. Estaba desintoxicado y pronto comenzó a hacer voluntariado en el CRC y en los refugios para personas sin hogar de la zona. Lo hizo hasta que los refugios nocturnos terminaron, pero siguió siendo voluntario en el CRC hasta que comenzó la temporada de refugios nuevamente. Cuando comenzó la temporada de refugios, conoció a personas maravillosas como Todd Parker, Rebecca Nylander, Larry Allum y Chris McClain.

Al final de la temporada, Marie Cook, la directora del CRC, le proporcionó un hogar durante tres meses. Fue en ese momento cuando me acerqué a Ken con la idea de vivir en Hangtown Haven. Él pensó que estaba loco, pero dijo: «¿Por qué no? Vamos a intentarlo».

Ken se mudó a Haven, asumió un papel de liderazgo y pronto fue ascendido a segundo al mando del consejo de residentes. Cuando Larry se fue a trabajar a Texas, Ken asumió la presidencia del consejo y demostró ser un líder excepcional hasta que el refugio fue cerrado por la ciudad algunos meses después.

Ken Green

CAPÍTULO DIEZ

Un grave error

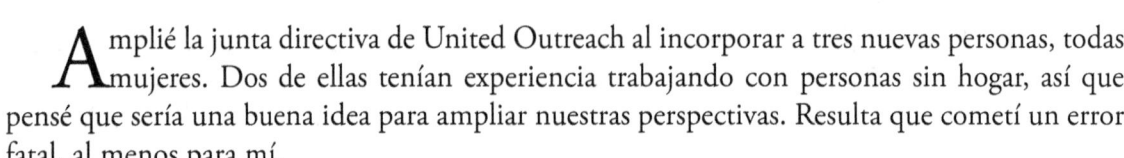

Amplié la junta directiva de United Outreach al incorporar a tres nuevas personas, todas mujeres. Dos de ellas tenían experiencia trabajando con personas sin hogar, así que pensé que sería una buena idea para ampliar nuestras perspectivas. Resulta que cometí un error fatal, al menos para mí.

Con la ayuda de varias iglesias, principalmente la Iglesia Episcopal de la Fe en Cameron Park y la Iglesia Federada en Placerville, hicimos que la vivienda fuera habitable y que la edificación del EID en la vía estuviera lista para ser ocupada. Nuestra junta estableció requisitos para que las personas sin hogar pudieran vivir en la casa, y comencé a trabajar con el condado para aprobar la transición de la propiedad a uso comercial, de modo que pudiéramos ampliar la cantidad de personas sin hogar que pudiésemos albergar.

Todos hicieron un gran trabajo, y la vivienda pronto estuvo lista para aceptar a las seis mujeres y niños sin hogar como residentes. La junta estableció varias reglas para vivir allí que no me gustaron. Por ejemplo, dictaminaron que los residentes no podían pasar los días en la casa, sino que debían estar fuera buscando trabajo todos los días excepto los fines de semana. También establecieron la regla de que nadie podía vivir en nuestras instalaciones durante más de seis meses. Pensé que ambos requisitos eran un poco excesivos, pero los nuevos miembros de la junta votaron en mi contra.

El autor supervisando las operaciones

También convertí el garaje en un depósito perfecto para ropa, instalando perchas y estantes. Mi intención era ceder el espacio a Jobs Shelters of the Sierra (JSS). JSS estaba (y está siendo) dirigido por mi viejo amigo, Ron Sachs. Necesitaba un lugar para almacenar la ropa y otros artículos que su organización distribuye a las personas sin hogar en las calles. Varias veces a la semana, él y sus voluntarios, todavía se ven conduciendo en su todoterreno lleno de ropa, papel higiénico y otros artículos necesarios para quienes no tienen hogar. La alternativa era alquilar un almacén en algún lugar para la ropa. United Outreach no tenía ningún uso para la edificación, así que pensé que mi junta estaría dispuesta a utilizarla para ayudar a las personas sin hogar de esta manera. ¡Me equivoqué de nuevo!

Después de varias semanas, llegué a la conclusión de que sería imposible convencer al condado de que cambiáramos la zonificación para construir una instalación que albergara a más de seis personas sin hogar. Aparentemente, había demasiada presión política en el condado por parte de personas que solo querían albergar a las seis mujeres y niños desamparados que ahora vivían en nuestra hermosa propiedad en Perks Court. La zonificación seguiría siendo residencial. Estaba completamente frustrado y, debido a la actitud del condado, mi amigo Peter renunció a nuestra junta directiva. Además de enfrentar la oposición gubernamental del condado, mi junta directiva estaba en desacuerdo conmigo en todos los temas. Algo tenía que hacerse.

Tomé la decisión crítica de renunciar a United Outreach y buscar otra vía para construir un refugio para personas sin hogar en la comunidad. Desafortunadamente, cuando renuncié, la junta directiva de United Outreach votó para expulsar a Ron Sachs y su almacén de ropa de JSS, aunque no tenían otros planes para la edificación. Supongo que esto fue un intento para vengarse de mí por no ceder ante nuestra nueva junta. Estaba muy decepcionado, pero podía ver que todo lo que la junta de United Outreach quería era alojar a las seis mujeres y niños que el condado permitía en la propiedad y nada más. Yo tenía planes más grandes en mente.

Es interesante mencionar que, en 2014, United Outreach decidió dejar de usar la casa en Perks Court como un hogar para las mujeres y niños desamparados. Después de que se fueron, inspeccionamos la edificación para ver en qué condiciones la habían dejado. El interior estaba muy limpio, pero nos sorprendió descubrir que todo adentro había sido sacado. ¡Estaba completamente vacío! No había muebles ni camas, ni siquiera platos ni utensilios de cocina. Había sido despojada por completo de los miles de dólares en donaciones de muebles que originalmente se habían hecho para que la vivienda fuera habitable. No pude averiguar qué había sucedido con todo eso. Aparentemente, United Outreach lo había regalado y luego se disolvió por completo.

La lección aquí es asegurarse de conocer bien a las personas que se invita a formar parte de tu junta directiva. Yo también pensé que lo hacía, pero luego descubrí lo contrario.

El arquitecto Peter Wolfe trabajando

Camión entregando la edificación del EID

Edificación existente en Perks Court

CAPÍTULO ONCE

AÑOS IMPRODUCTIVOS

Los cuatro años entre 2010 y 2013 no fueron productivos en la construcción de un refugio para personas sin hogar en el condado de El Dorado. Busqué la ayuda de la Junta de Supervisores del condado y, finalmente, de la ciudad de Placerville. Ron Sachs y yo revisamos todos los registros en busca de una propiedad del condado que estuviera zonificada como comercial y que fuera apropiada para construir un refugio. No encontramos nada, y nadie en el poder se ofreció a ayudar. Di discursos en el Rotary Club, Kiwanis y en iglesias; intenté contactar con los masones, pero no respondieron. Incluso le escribí cartas al editor del periódico local. Mi reputación creció y me convertí en algo así como un defensor de las personas sin hogar. Sin embargo, no logré nada más que concienciar a nuestra comunidad sobre las personas sin hogar que nos rodean. También me dijeron que había enfurecido a algunas personas adineradas y políticamente poderosas en la comunidad durante el proceso.

Algunos autores que relatan historias sobre conflicto y confrontación interminable utilizan metáforas para describir lo que están experimentando: «remar en un mar infinito», «buscar la luz al final del túnel» o "atravesar un desierto sin caminos" parecen ser algunas de las favoritas. He buscado una metáfora adecuada para describir mi intento de construir un refugio para personas sin hogar en el condado, pero ninguna me parece apropiada en este momento.

Mis esfuerzos durante este período siempre fueron fallidos. Todo lo que podía hacer era levantarme del suelo y enfrentar a mis oponentes nuevamente antes de que me derrotaran una vez más. Bueno, ahora estoy usando una metáfora de boxeo. Nunca aprendí a boxear, para gran decepción de mi padre, pero él y yo siempre veíamos juntos las peleas del viernes por la noche en la televisión mientras yo intentaba mantenerme despierto. La metáfora del boxeo parece apropiada al tratar de ayudar a las personas sin hogar. Varios amigos han comentado que simplemente yo no sé cuándo darme por vencido.

Leí una noticia en nuestro periódico local que decía que el condado había asignado 7 millones de dólares para construir un nuevo refugio para animales, y mi enojo aumentó. Naturalmente, tuve que escribir una carta al editor quejándome de que el condado gastara 7 millones en perros y ni un solo centavo en las personas sin hogar. Concluí mi carta diciendo que me gustaría pasar mi próxima vida como un perro en el condado de El Dorado. No recibí ninguna respuesta, excepto que alguien me dijo que los 7 millones de dólares eran donaciones y no dinero de los contribuyentes.

Sin embargo, esto plantea un buen punto que debería haber sido una lección para mí y para todos nosotros. Las personas valoran más a sus perros que a los seres humanos sin hogar, ¡incluyendo los veteranos! Este último punto es el más trágico. No tengo nada en contra de las mascotas, pero, después de todo, los perros son solo perros. Hemos visto a veteranos sin hogar que acaban de regresar de Irak, muchos con TEPT. Aún hay hombres sin hogar viviendo en las calles que estuvieron en la Guerra de Vietnam. ¿Dónde están la VFW y la Legión Americana? ¿Dónde están los ciudadanos que envían a jóvenes a luchar en guerras extranjeras y luego se niegan a proporcionar un refugio a aquellos que no pueden adaptarse a la sociedad cuando regresan?

Muchos ciudadanos acomodados con los que he hablado se niegan a aceptar que los veteranos sin hogar viven entre nosotros, siendo arrestados todos los días por nuestros departamentos de policía y alguaciles por dormir en las esquinas de las calles o en propiedades privadas. ¿Por qué me afecta tanto? Soy un veterano de la Guerra de Corea, mi padre estuvo en la Segunda Guerra Mundial, mi abuelo intentó alistarse en la Guerra Española (lo rechazaron porque tenía silicosis, de la que murió veinte años después) y tengo dos bisabuelos que estuvieron en el Ejército de la Unión durante la Guerra Civil. Me afectaría lo mismo incluso si no fuéramos una familia de veteranos. Aparentemente, a los ciudadanos poderosos de nuestra comunidad no les preocupa escuchar sobre esto.

Durante este período, me uní al El Dorado Continuum of Care aquí en el condado. Su propósito original era ayudar a las organizaciones sin fines de lucro a conseguir subvenciones federales y estatales, así como capacitar a las personas para usar el programa informático HMIS. El objetivo del sistema HMIS es proporcionarles a todas las organizaciones sin fines de lucro una base de datos para que, cuando una persona sin hogar se registre en nuestras instalaciones, tengamos acceso instantáneo a su historial médico y mental completo en nuestra comunidad.

El CoC habló sobre encontrar subvenciones y otra ayuda financiera para nosotros. Después de varias reuniones con el grupo, le pregunté a su líder, Scott Thurmond, si creía que había alguna posibilidad de conseguir una subvención del gobierno. Su respuesta fue honesta y directa: «No, no creo», respondió. Aprecié su sinceridad, pero pronto dejé de asistir a las reuniones. No tenía sentido seguir asistiendo a reuniones que no llevarían a nada. Me agrada Scott. Está comprometido a ayudar a las personas sin hogar y tiene mucho conocimiento sobre cómo conseguir subvenciones.

CAPÍTULO DOCE

LISA

Hace unos ocho o nueve años, conocimos a Lisa detrás de K-Mart cuando Ron comenzó el ministerio de Job's Shelters of the Sierra. Lisa era la «mamá gallina» de una de las cuatro comunidades de personas sin hogar que vivían en los arbustos de manzanita detrás de K-Mart. Lisa había armado una especie de «palacio» con sus carpas. Tenía su tienda de dormir dentro de una tienda más grande. También tenía una tienda de almacenamiento más pequeña cerca. Estaba cálida y seca incluso durante los meses de invierno. Nos impresionó mucho todo el diseño.

Ella mantenía a los demás de su grupo bajo su protección y bajo su blando control. Por las noches, se sentaban alrededor de una fogata y compartían historias, cada uno tenía algo que contar. Todos sabían dónde era el mejor lugar para pedir limosna y discutían los rumores y chismes del día.

Los otros grupos que acampaban cerca tenían sus propias personalidades colectivas; uno estaba compuesto por alcohólicos. Cada uno vivía en una combinación de carpas y partes de carpas, con botellas vacías y contenedores cubriendo el área. Este grupo, en su mayoría, ya caía en incoherencias y estaba completamente drogado antes de la 1:00 PM. Otro grupo se dedicaba a fabricar metanfetaminas y consumía y distribuía drogas. También tenían una «familia» de todas las edades, desde un bebé hasta adultos, muchos de los cuales eran ladrones, estafadores y hacían cualquier cosa legal o ilegal para sobrevivir.

Su campamento estaba ubicado junto a un cementerio del condado y estaba armado con varias carpas para albergar a los diversos miembros de su «familia». JSS visitaba todos esos lugares los lunes, miércoles y viernes, y fue una de las experiencias más interesantes, gratificantes y conmovedoras de la vida de Ron.

Todo esto se desmoronó cuando uno de los miembros del grupo de Lisa le disparó a otro miembro debido a una disputa sobre la necesidad de devolver algo que se estaba reteniendo como garantía por un préstamo que no se había pagado.

Lisa era ama de casa y su esposo tenía un empleo bien remunerado como técnico de hincado de pilotes para una empresa de construcción de puentes; tenían una casa y dos hijos adolescentes en la escuela.

Una mañana, el hijo mayor salió, y de repente, vio a su padre colgando del cuello de un árbol en un intento de suicidio. El hijo mayor, que estaba presente mientras Lisa me contaba esto, hizo el siguiente comentario: «Ni siquiera pudo hacer eso bien». Lisa escuchó a su hijo gritar, salió de la casa, cortó la cuerda y su esposo cayó al suelo. Se llamó a una ambulancia, pero él murió antes de llegar al hospital. Había algo de dinero en la casa en la que vivían, pero pronto llegaron las facturas y los acreedores, y Lisa y sus hijos perdieron todo lo que tenían.

Aunque su esposo ganaba muy buen dinero, lo perdió todo apostándolo. Eventualmente, todo lo que tenían fue tomado como garantía para pagar las deudas de las apuestas.

¡Habían perdido todo! Lisa se vio obligada a vivir en las calles, ya que no tenía competencias laborales. Su hijo mayor siguió sus pasos. Su hijo menor continuó yendo a la escuela secundaria, de sofá en sofá, hasta que se graduó. Se unió al Ejército y se casó hace uno o dos años. Lisa y su hijo mayor continuaron viviendo juntos en las calles y se vieron reducidos a hacer lo que fuera necesario para sobrevivir. Ella consiguió un empleo en una organización sin fines de lucro aquí en el condado de El Dorado, pero entonces perdió ese trabajo por múltiples razones. Es muy difícil mantener un empleo cuando eres una persona sin hogar.

Durante ese tiempo, encontró un lugar para ella y su hijo mayor, e incluso adquirió un automóvil; lamentablemente, no pudo salir de la cultura del sinhogarismo, y a través de sus propias acciones, lo perdió todo.

Recientemente, a los 48 años, Lisa falleció de insuficiencia hepática, probablemente causada por el abuso de sustancias y del alcohol. Esta historia se repite muchas veces en el condado de El Dorado y en todos los condados de Estados Unidos. Lisa y su hijo mayor odiaban y condenaban a los bancos por quitarles todo lo que tenían. En algún momento, ella le dijo a Ron que tenía cheques y, por lo tanto, pensaba que había dinero en su cuenta. A pesar de ser inteligente, parece que no entendía que necesitaba dinero en el banco para emitir cheques o hacer retiros. Carecía de habilidades cotidianas que muchos de nosotros damos por sentado.

Desafortunadamente, la historia de Lisa es un ejemplo clásico de una familia devastada por acontecimientos que están más allá del control de una madre. Por alguna razón, muchas personas de clase media creen, o dicen que creen, que el sinhogarismo es el resultado de algún mal comportamiento de las personas involucradas. Ella es un ejemplo típico de todo lo contrario. A menudo, las personas son víctimas de circunstancias que están mucho más allá de su control. Algunos de los que vimos en Hangtown Haven pudieron enfrentar su extrema desgracia, mientras que otros se sintieron abrumados por ella. ¿Quiénes somos nosotros para juzgar la capacidad de otras personas de reaccionar a las desgracias de la vida?

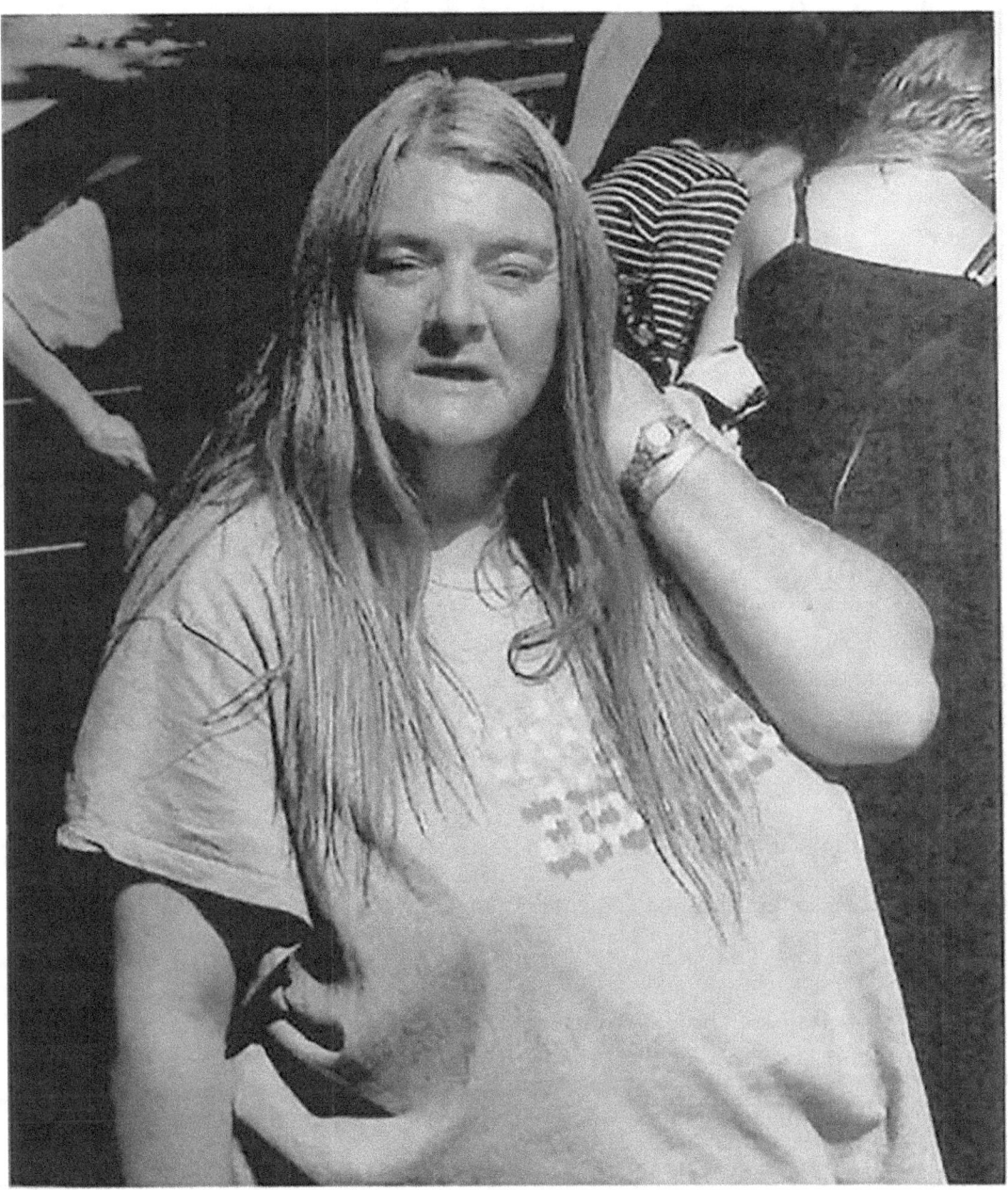

Lisa

CAPÍTULO TRECE

¿A QUIÉNES INTENTAMOS AYUDAR?

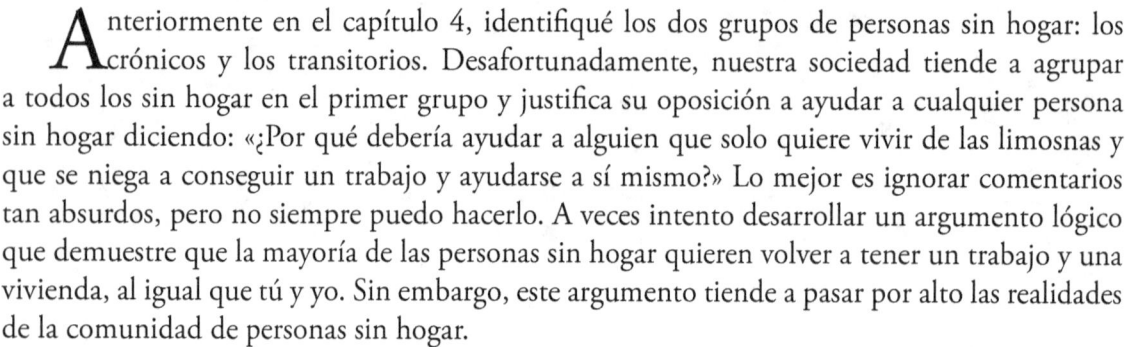nteriormente en el capítulo 4, identifiqué los dos grupos de personas sin hogar: los crónicos y los transitorios. Desafortunadamente, nuestra sociedad tiende a agrupar a todos los sin hogar en el primer grupo y justifica su oposición a ayudar a cualquier persona sin hogar diciendo: «¿Por qué debería ayudar a alguien que solo quiere vivir de las limosnas y que se niega a conseguir un trabajo y ayudarse a sí mismo?» Lo mejor es ignorar comentarios tan absurdos, pero no siempre puedo hacerlo. A veces intento desarrollar un argumento lógico que demuestre que la mayoría de las personas sin hogar quieren volver a tener un trabajo y una vivienda, al igual que tú y yo. Sin embargo, este argumento tiende a pasar por alto las realidades de la comunidad de personas sin hogar.

En primer lugar, es importante que los lectores entiendan la diferencia entre estos dos grupos si están tratando de construir y desarrollar un refugio para personas sin hogar en su comunidad. Algunas organizaciones sin fines de lucro simplemente establecen un límite de tiempo para vivir en las instalaciones. «Tienes seis meses para encontrar un empleo o te vas», he escuchado este argumento más de una vez. Esto es incorrecto por varias razones:

- Conseguir un empleo depende tanto de la economía como de las habilidades personales.

- La persona sin hogar probablemente necesita capacitación laboral más que nada.

- Muchas mujeres necesitan manutención infantil para conseguir un empleo.

- Muchas personas sin hogar ven esta regla como algo negativo que les causa preocupación todos los días.

- Esta regla excluye del refugio automáticamente a las personas crónicas.

Esto nos lleva a la gran pregunta: «¿Realmente queremos ayudar a las personas sin hogar crónicas en primer lugar?" Esta es una decisión importante que todos deben tomar antes de diseñar un refugio para personas desamparadas. Obtener donaciones de personas o instituciones para ayudar a las personas sin hogar que no tienen la intención de «reponerse», no es fácil. Y si realmente queremos ayudar a este grupo, ¿cómo sería su refugio y su programa?

Hemos descubierto a lo largo de los años que muchas personas sin hogar son reacias a vivir cerca de otras personas. Tienen la firme intención de vivir solos en la naturaleza y «mantenerse alejados de aquellas otras locas personas sin hogar». A esas personas les digo: «Está bien, pero mañana tendremos una fogata cálida y un gran almuerzo. ¿Por qué no vienes y pasas algunas horas durante el día conociendo a los demás? Puedes regresar a tu carpa a dormir en la noche.»

Este enfoque ha atraído a algunos, pero no a todos los crónicos. No hay forma de obligarlos a entrar en tu refugio. Solo irán cuando decidan que lo que tú ofreces es mejor que vivir solo en la «jungla». Siempre recuerda que, si el 40 % de todas las personas sin hogar necesita ayuda mental o son adictas a sustancias, tal vez el 70 % de los crónicos tengan el mismo problema.

Ninguna de estas respuestas aborda la pregunta de por qué ayudaríamos a las personas sin hogar crónicas en primer lugar. Cada comunidad debe responder esa pregunta por sí misma, pero no se puede ignorar su presencia al negar que existen personas sin hogar crónicas. Suponiendo que desees construir un refugio para este grupo, la pregunta se convierte en cuáles son sus necesidades y qué necesitan.

Sus necesidades son simples y directas: protección contra los elementos, calor, comida, transporte a citas, ropa y amistad, pero sin demasiada interacción con otros. Esto refleja en gran medida la Jerarquía de Necesidades de Maslow publicada en 1954 en su libro «Motivación y personalidad». Maslow define las necesidades humanas básicas como aire, agua, comida, ropa, refugio y protección contra los elementos.

Sus necesidades parecen ser simples, en su mayoría, creo, porque se les ha negado el acceso a sus necesidades más avanzadas, como la autorrealización. La mayoría de las personas sin hogar crónicas que he conocido están contentas de que se satisfagan sus necesidades básicas y no tener que hacer nada a cambio. Es importante entender esto.

Nuestra sociedad generalmente no lo hace. En nuestra cultura creemos que debemos esforzarnos para conseguir más en búsqueda del objetivo final de la independencia financiera: el «sueño americano». Cualquiera que no esté interesado en lograr este sueño es considerado por muchos como antiamericano o anticapitalista, lo cual no es aceptable en nuestra comunidad. La pregunta es: ¿cómo proporcionar estas necesidades básicas alentando de alguna manera a la persona sin hogar crónica típica a volver a la autosuficiencia y aprender a contribuir en nuestra cultura? La pregunta más importante es: ¿por qué es necesario que alguien sea obligado a vivir nuestra forma de vida si no quiere? Debemos desarrollar un plan y construir una instalación que tenga en cuenta estos problemas.

Nuestra experiencia ha sido que, aunque las personas sin hogar crónicas generalmente no quieren vivir en un entorno de dormitorio, les gusta tener su propia vivienda pequeña o carpa privada. Pronto hablaré más sobre esto.

Los siguientes datos se obtuvieron de una encuesta realizada desde septiembre de 2014 hasta enero de 2015, hecha por la empresa de consultoría Marbut de San Antonio, Texas, bajo contrato con el condado de Placer, California. Los datos se aplican solo al condado de Placer, pero dado a que es el condado justo al norte del condado de El Dorado, creo que los resultados y datos de la encuesta pueden ser aplicables para nosotros. Los presento aquí agradeciendo al Dr. Marbut y a los funcionarios del condado de Placer que han publicado la encuesta en el sitio web de Marbut. Los comentarios después de cada uno son míos e indican cómo los resultados de la encuesta se ajustan a las experiencias en el condado de El Dorado. Los resultados de la encuesta son compilaciones de respuestas de entrevistas con personas sin hogar que viven en las calles del condado de Placer.

Detonantes del sinhogarismo en hombres

- Entre el 50 % y el 60 % de las personas sin hogar tienen problemas graves de salud mental. Sería interesante saber cómo se definen los «problemas graves de salud mental» y cómo se compara esa cifra con la población general.

- El 70-80 % de las personas sin hogar abusan de sustancias. Al igual que en el comentario anterior, sería interesante saber si la falta de hogar es la causa de la adicción o viceversa.

- Más del 90 % de las personas sin hogar tienen al menos uno de estos problemas o ambos. Esto parece un poco elevado de acuerdo a nuestra experiencia.

- Conservación del empleo.

Supongo que esto significa que la pérdida de un empleo causó la indigencia. Si es así, ¿en qué porcentaje?

Detonantes del sinhogarismo en mujeres

- Añade la violencia doméstica. De nuevo, un porcentaje sería interesante. Se deben añadir las dificultades económicas causadas por el divorcio/la ruptura.

- Igual que los anteriores

En mi opinión, añadir:

- Quiebra médica o de otro tipo que provoque la pérdida de la vivienda.

- Embarazo no deseado.

- Salida de la cárcel

- Acogimiento familiar previo

Resumen del condado de Placer

Los siguientes resúmenes que figuran en el informe se basan en entrevistas con personas sin hogar del condado de Placer que tienen aplicación en el condado de El Dorado:

- El condado carece de conectividad e interacción (no existe un plan del condado) o Igual para el condado de El Dorado

- Los datos utilizables/accionables en el condado son muy escasos o Igual para el condado de El Dorado

- Las decisiones se basan en anécdotas, no en estrategias. o No tenemos ni idea de en qué se basan las decisiones, si es que se toman.

- La «política» es táctica, no estratégica. o Nuestro condado no tiene ninguna estrategia, táctica ni estratégica.

- Los adultos sin hogar crónicos son un gran problema que está empeorando. o Igual para el condado de El Dorado

- Existen grandes brechas en los servicios para adultos. o Igual para el condado de El Dorado.

- 540 individuos están desamparados en el condado. o Nunca se ha hecho un inventario fiable en nuestro condado, pero 540 parece ser un poco alto.

- Personas sin hogar crónicas 40 % (60 % transitorias)

- Enfermos mentales graves 30 %

- Abuso crónico de sustancias 32 %

- Víctimas de violencia doméstica 28 %

- Veteranos 8 % (una verdadera tragedia)

- Acogida previa 7 %

- Hombres 61 %

- Mujeres 39 %

- Adultos solteros 86 %

- Niños 14 %

- Las decisiones políticas deben basarse en hechos concretos, no en anécdotas o ¡Amén!

Preguntas hechas a los desamparados del condado de Placer

¿Dónde estudiaste la escuela secundaria?

- En el condado - 34 %

- Otros condados de California - 44 %

- Otros lugares de EE.UU. - 22 %

¿Es tu familia del condado?

- Sí - 50 %

- No - 50 %

Antes de quedarte sin hogar, ¿tenías empleo en el condado?

- Sí - 55 %

- No - 45 %

¿Cuánto tiempo llevas viviendo en el condado?

- Más de cinco años - 67 %

- De uno a cinco años - 21 %

- Menos de un año - 12 %

¿Te quedaste sin hogar en el condado?

- Sí - 83 %

- No - 17 %

¿Cuánto tiempo llevas siendo un desamparado?

- Cinco años o más - 26 %

- De uno a cinco años - 41 %

- Menos de un año – 34 %

Aumento del sinhogarismo, 2009-2015

- Aumento de la tasa - 18.3 % en promedio anual (más del 20 % en 2015). Comparado con el aumento de 14 % de la población durante el mismo período. La encuesta llegó a las siguientes conclusiones que también son válidas para el condado de El Dorado:

- Un refugio para personas sin hogar debe estar abierto 24/7 para mantener a los desamparados fuera de las calles durante el día.

- Un centro debería albergar a ochenta personas e incluir una gama completa de servicios para ayudar a los desamparados.

- Reducir el número de personas sin hogar en la calle es casi una ciencia.

- Los adultos sin hogar crónicos son el problema del que nadie quiere hablar.

El siguiente es un resumen de un artículo que apareció en el Sacramento Bee el 25 de julio de 2015. En una sola noche de finales de enero de 2015, se realizó el siguiente recuento de personas sin hogar en el condado de Sacramento.

Personas sin hogar encontradas en el estudio:

- 2659 en total

- Aumento del 5 % desde 2013

- 1711 viviendo en refugios

- 948 viviendo en las calles

- Más de 1000 sufría de enfermedades mentales, abuso de substancias crónico o ambos

- El punto anterior es un problema que afecta al 38 %

- Más de 300 eran veteranos, el 11 % del total

En el pasado también se han realizado recuentos puntuales de personas sin hogar en el condado de El Dorado, pero se ha cuestionado su exactitud. Muchas personas sin hogar no quieren ser contados y se retiran a nuestras colinas cuando los contadores llegan. Sigue siendo interesante comparar las cifras del condado de Sacramento con las del condado de Placer.

CAPÍTULO CATORCE

DON V.

Don Vanderkar nació en una pequeña granja lechera en Denair, California. Pasó la mayor parte de su infancia en la cercana ciudad de Modesto, con la excepción de aproximadamente dos años cuando era niño pequeño y vivió en Alameda, donde su padre trabajó en los astilleros durante la Segunda Guerra Mundial. Don se graduó de la Escuela Secundaria de Modesto y el Modesto Junior College, y luego asistió a la Universidad de California, Berkeley, donde obtuvo un título en Ingeniería Civil. Mientras estaba en Berkeley, conoció a su futura esposa, Peg McClure.

Don y Peg han disfrutado de más de 50 años de matrimonio y criaron a tres hijos biológicos y una hija adoptiva que adoptaron más adelante. Ahora tienen seis nietos. También disfrutaron de alojar a cuatro estudiantes de intercambio de Alemania y uno de Chile. Dedican sus vidas al servicio social y a actividades de la iglesia, y les encanta viajar.

Don comenzó su carrera de ingeniería con la ciudad y el condado de San Francisco en el Proyecto Hetch Hetchy. El proyecto, ubicado en las altas montañas de Sierra Nevada y parcialmente dentro del Parque Nacional Yosemite, implicaba la construcción de instalaciones para transportar agua desde el embalse de Hetch Hetchy aguas abajo hasta una nueva central eléctrica. La central estaba conectada a tuberías que transportaban agua a la Península de San Francisco. Entre las numerosas responsabilidades de Don se incluían supervisar la perforación del túnel de energía de once millas del cañón, la construcción de instalaciones de conexión al pie de la Presa O'Shaughnessy y el diseño del canal de agua del cañón.

Después de dos años de trabajo con la Ciudad de San Francisco y la graduación de Peg en Berkeley, Don aceptó un puesto en el Distrito Hídrico del Condado de Contra Costa en Concord, California, donde la pareja recién casada se estableció.

El nuevo trabajo de Don como ingeniero adjunto implicaba diseñar y construir tuberías, estaciones de bombeo y embalses. Durante ese tiempo, Don completó los requisitos para obtener la licencia de Ingeniero Registrado de California. Trabajó durante 15 años en el Distrito Hídrico y ascendió hasta convertirse en el jefe de la división de Agua Tratada, un puesto que involucraba la gestión del tratamiento, almacenamiento y distribución de agua potable a más de 40.000 hogares. Después de servir siete años como jefe de la división, Don solicitó y fue seleccionado en 1979 para ser el gerente general del Distrito de Riego del Condado de El Dorado (EID), por sus siglas en inglés) en Placerville, California.

El EID proporciona riego y agua potable a los residentes del distrito. Además, ofrece tratamiento de aguas residuales en partes del condado de El Dorado. En el momento en que Don asumió este puesto, el EID estaba siendo auditado por inspectores federales debido a presuntas irregularidades en el uso de fondos y enfrentaba múltiples órdenes de cese y desistimiento de dos departamentos estatales. Las elecciones para la Junta Directiva del EID eran importantes contiendas locales. Más adelante, durante el mandato de Don, los residentes desearon revocar a varios miembros de la Junta Directiva del distrito. Mientras ocupaba este cargo, también se desempeñó como gerente general del proyecto hidroeléctrico del río South Fork American (SOFAR), un proyecto de 500 millones de dólares que presentaba complejas inquietudes de financiamiento y permisos, y generaba grandes problemas políticos. Los más de dos años y medio de empleo de Don en el EID fueron de gran repercusión, dinámicos, desafiantes y gratificantes.

Tras dejar el EID, Don fue contratado por la entonces Aerojet General Corporation, donde trabajó durante 20 años. Su puesto inicial como gerente cambió a director de programas ambientales. Pasó los primeros diez años trabajando en la remediación de la contaminación del agua subterránea y del suelo en los 9000 acres de las instalaciones de Aerojet en Sacramento. La segunda década la dedicó a dirigir investigaciones y proyectos de remediación en las instalaciones de Aerojet en el sur de California, incluyendo Azusa y Chino Hills. Aerojet enfrentó medidas regulatorias por parte de agencias estatales y federales, así como numerosas demandas. Don proporcionó testimonio experto en varios casos legales. Tras su jubilación de Aerojet, Don trabajó durante cuatro años como consultor privado y se desempeñó como testigo experto en numerosos litigios.

Su vida privada después de la jubilación incluye disfrutar de ser abuelo, servir en varias juntas de organizaciones sin fines de lucro (incluyendo Hangtown Haven), voluntariado como defensor especial de oficio, participar en comités de iglesias locales y regionales, y viajar con su esposa, Peg.

Don ha estado trabajando con personas sin hogar durante muchos años. Comenzó a hacer voluntariado con personas sin hogar hace aproximadamente seis años cuando ayudó en un refugio de invierno proporcionado por la Iglesia Adventista del Séptimo Día en Camino. Don pasó parcialmente las tardes y noches con personas sin hogar en esta instalación a lo largo de dos años.

Cuando Hangtown Haven comenzó a funcionar en Placerville en 2012, Don se ofreció como voluntario para trabajar con los residentes. Su trabajo y responsabilidades continuaron expandiéndose durante más de un año, hasta que la ciudad de Placerville cerró el refugio.

Pronto me di cuenta de las habilidades de Don y lo invité a formar parte de la Junta Directiva de Hangtown Haven Inc. Aceptó y ha estado en la Junta hasta el día de hoy, desempeñándose como vicepresidente y a menudo como secretario interino. Su habilidad y dedicación para ayudar a las personas sin hogar nos ha inspirado a todos.

Después del cierre de Hangtown Haven, los miembros de las iglesias locales establecieron un consorcio de iglesias para manejar un programa de Refugio Nómada. Cinco iglesias locales abrieron sus puertas y permitieron que las personas sin hogar durmieran en colchonetas en las instalaciones de la iglesia. Don se comprometió de lleno y se ofreció como voluntario para supervisar estas operaciones en tres de las iglesias.

También se unió al grupo de gestión que coordinó el programa de Refugio Nómada. Esto implicó establecer procedimientos, comprar colchonetas, mantas, etc., y adquirir vehículos para transportar a las personas. Hangtown Haven se convirtió en la corporación fiduciaria (501 C 3) que asistiría al programa de refugio nómada. Don lidera actualmente los esfuerzos para encontrar un lugar para un refugio permanente para personas sin hogar en el condado de El Dorado y es muy conocido en la comunidad por su dedicación por ayudar a los menos afortunados en nuestra sociedad.

Don Vanderkar

CAPÍTULO QUINCE

LOS INICIOS DE UN REFUGIO

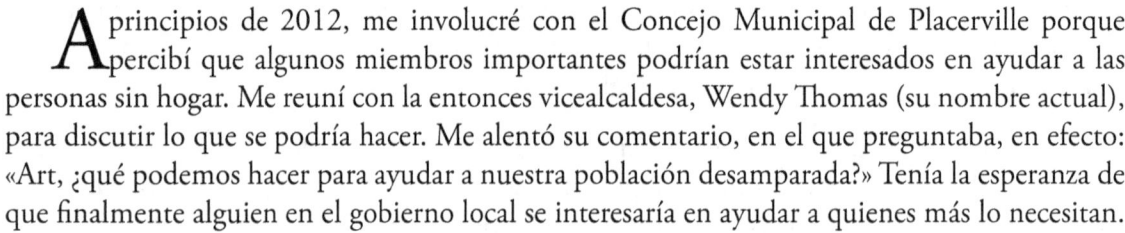

A principios de 2012, me involucré con el Concejo Municipal de Placerville porque percibí que algunos miembros importantes podrían estar interesados en ayudar a las personas sin hogar. Me reuní con la entonces vicealcaldesa, Wendy Thomas (su nombre actual), para discutir lo que se podría hacer. Me alentó su comentario, en el que preguntaba, en efecto: «Art, ¿qué podemos hacer para ayudar a nuestra población desamparada?» Tenía la esperanza de que finalmente alguien en el gobierno local se interesaría en ayudar a quienes más lo necesitan.

Wendy es mi vecina y ella crio a sus dos hijas en la casa que mi esposa y yo compramos en 2003. Habíamos hablado de vez en cuando y estábamos empezando a descubrir que teníamos más cosas en común de lo que yo pensaba. Cuando me dijo que se estaba postulando para el concejo municipal, me pidió que la apoyara. Acepté y me ofrecí a organizar reuniones informales en su nombre para presentarla a nuestros amigos en la ciudad. El administrador de su campaña era mi viejo amigo y defensor de las personas sin hogar, Peter Wolfe.

Como un asunto secundario, el Partido Demócrata del condado me había pedido que me postulara para el concejo municipal unos días antes de su anuncio, y yo estaba en proceso de considerarlo cuando hablamos sobre su candidatura. Un conocido de la iglesia, Carl Hagan, también acababa de anunciar que se postulaba para el concejo. Esto, junto con mi edad, me hizo decidir fácilmente no postularme.

A finales de la primavera de 2012, Wendy y yo nos sentamos en mi patio trasero para discutir qué podríamos hacer con el apoyo de la ciudad para albergar y ayudar a las personas sin hogar. Ella me habló sobre el Informe de Elementos de la Vivienda que la ciudad había realizado recientemente. En una página cerca de la mitad del informe, se indicaba que había una propiedad a lo largo de Upper Broadway que sería ideal para construir un refugio para personas sin hogar. También mencionó que había estado en contacto con el dueño de la propiedad y que él estaba de acuerdo en considerar su uso para un refugio de personas sin hogar. Invitó a los jefes de departamento de la ciudad, al dueño de la propiedad, el Sr. Barry Wilkinson, y a mí, a una reunión para discutir la posibilidad de utilizar parte de su propiedad en Upper Broadway para construir un refugio para personas sin hogar.

Fue una reunión muy productiva y, al final, el alcalde dijo: «Art, ¿por qué no te reúnes con el Sr. Wilkinson la próxima semana en su propiedad y ves qué puedes hacer con ella?»

Me volteé hacia Barry y le pregunté: «¿A qué hora nos reunimos mañana?»

Eso provocó la risa de todos e ilustró lo diferente que es trabajar para la ciudad o para la industria. A los empleados gubernamentales les gusta hablar mucho de «la próxima semana». Los que hemos trabajado en el sector privado tendemos a querer hacer las cosas ayer. Siendo Géminis, probablemente sea peor que la mayoría en ese aspecto.

Barry y yo recorrimos su propiedad la mañana siguiente mientras él me mostraba el área que planeaba cedernos para construir el refugio. Era un antiguo cortafuegos que salía de Upper Broadway, cruzaba Hangtown Creek y subía por el costado de una montaña empinada. Aunque el camino en sí no era empinado, las montañas en ambos lados lo eran. Nos abrimos paso entre los arbustos de zarzamora, el roble venenoso y la densa maleza. Era un desastre, pero tenía potencial. Me reuní con Wendy esa tarde.

Informé que: «No es ideal, pero creo que podemos hacerlo funcionar. Permíteme hacer un boceto de cómo se vería una 'ciudad de carpas' allí y entonces vemos. Lo que puede hacerlo posible es un buen operador de excavadora, y conozco justo a la persona indicada».

Wendy respondió: «De acuerdo, Art, pero recuerda que la ciudad de Placerville no quiere involucrarse en este proyecto legal o contractualmente. En otras palabras, debes formar una corporación sin fines de lucro y ser responsable de todo lo que suceda en el lugar, incluyendo el arrendamiento de la propiedad con Barry y todos los seguros necesarios. La ciudad le otorgará a tu corporación un Permiso de Uso Especial temporal y puedes seguir desde allí», no sabía a qué se refería con "temporal", pero respondí: «De acuerdo, hagámoslo».

Reuní a dos viejos amigos, Jim Ellsworth y Ron Sachs, para que fueran miembros de mi junta directiva, y le pedí a Jim que realizara la enorme cantidad de papeleo necesario para formar una corporación sin fines de lucro. Jim es un completo experto en los aspectos legales y financieros de la formación y administración de una corporación sin fines de lucro. Dirigió el Centro de Salud Comunitario del Condado de El Dorado durante muchos años. Tomó varios meses, pero finalmente el IRS respondió con una carta: «Felicitaciones. Hangtown Haven, Inc. es ahora una corporación sin fines de lucro 501(c) 3». Nos costó casi $ 900, pero Jim lo logró en el primer intento. Russ Reed es un viejo amigo mío de la iglesia que tiene una amplia reputación por ser el mejor operador de excavadoras del condado. Caminó por el lugar conmigo por un par de días, y cuanto más veía de la propiedad, más emocionado se veía. Presenté mi boceto y él lo examinó cuidadosamente. «Creo que podemos hacerlo funcionar, Art». Unos días después, él y su hermano Rob aparecieron en el lugar remolcando dos excavadoras que habían tomado prestadas de un contratista local. Comenzaron a arrancar la maleza, nivelar el terreno y cavar una zanja de drenaje junto al camino. Trabajaron durante la mayor parte de una semana y no nos cobraron nada. También agregaron algunas bases adicionales para campamentos en el costado de la montaña, hechos con la habilidad de un cirujano. Antes de comenzar a labrar estas bases adicionales, le dije que lo que iba a hacer era imposible, y él respondió: —¡Mírame!

JUNTA DE DIRECTORES DE HTHI

Art Edwards
Presidente, director ejecutivo

Ron Sachs
Primer V.P.

Jim Ellsworth
Secretario, tesorero

Don Vanderkar V.P.
Miembro de la junta de HTHI

Cyndy Salmon
Miembro de la junta

Bruce Lacher
Miembro de la junta

Dan Bitner
Miembro de la junta

Don Rake
Miembro de la junta

Cuando todo fue terminado, tuvimos una reunión en el lugar con el ingeniero del condado y el inspector de incendios. Ahí fue cuando comenzaron los problemas. El inspector de incendios dijo que debíamos pasar la excavadora por diez pies a lo largo de cada lado del camino para despejar la maleza y protegernos contra incendios. Aquí es donde se instalarían las carpas. El ingeniero de la ciudad dijo: «Espera un momento. Si haces eso, no habrá arbustos en la ladera de la montaña para evitar deslizamientos de lodo cuando comiencen las lluvias. Ahora teníamos a dos personas importantes diciéndonos que debíamos hacer exactamente lo contrario antes de que cualquiera aprobara nuestro uso de la tierra para un refugio para desamparados. No hace falta decir que estaba muy frustrado. Tuvimos que encontrar una solución a este dilema.

Afortunadamente, Russ Reed estaba cerca escuchando la conversación. «Esperen un momento, chicos. Antes de dispararse entre ustedes, puede que haya una solución», se dirigió a los dos contendientes. «¿Qué tal si la ladera es despejada con hombres y mujeres trabajando con palas y rastrillos a mano en lugar de que yo lo haga con mi excavadora? Limpiar el terreno a mano dejará un residuo de cobertura vegetal que evitará deslizamientos, pero también dividirá lo suficientemente para prevenir incendios», el ingeniero de la ciudad y el inspector de incendios se miraron. «eso podría funcionar». Los voluntarios se pusieron manos a la obra y poco después habían despejado la ladera.

Completamos la obra construyendo una cerca de alambre alrededor de la propiedad, erigiendo una cerca de madera en la parte frontal para mayor privacidad, nivelando espacios para las carpas, conectándonos al pozo de agua de la propiedad y al servicio de PG&E en el poste eléctrico también en la propiedad. Instalamos cubiertas vehiculares, colocamos una chimenea en el centro, pusimos un televisor donado para proyectar películas y compramos una pequeña edificación prefabricada para nuestros voluntarios.

Era un hermoso campamento cubierto con árboles que proporcionaban sombra y reducían la temperatura del verano por varios grados. El cortafuegos estaba cubierto de corteza y se colocaron luces perimetrales con extintores a lo largo del camino. Compramos alrededor de cuarenta carpas, colocamos botes de basura y les dijimos a los residentes: «Bien, este es su hogar. Más les vale mantenerlo limpio». Con la aprobación final de la ciudad, abrimos nuestras puertas en tres semanas.

Recuerda, el jefe de bomberos del área es tu aliado más importante. Él (o ella) se reporta únicamente ante la junta del distrito de bomberos y no necesita ninguna razón lógica para cerrarte. Debes poner al jefe de bomberos de tu lado. Tuvimos mucha suerte de contar con Bruce Lacher como jefe de bomberos en nuestra área.

Anteriormente, cuando estábamos considerando construir un refugio para personas sin hogar en el otro lado de la ciudad, me reuní con el jefe de bomberos local, no Bruce. Su comentario que más recuerdo fue: «Nunca permitiré que se construya un refugio para personas sin hogar en mi comunidad». Si hubiéramos decidido construir allí, supongo que nuestra única opción habría sido iniciar una demanda en su contra y contra su departamento de bomberos por obstrucción maliciosa o algo así.

El campamento Hangtown Haven fue completado y estuvo listo para ser ocupado el 01 de agosto de 2012. Fue emocionante ver cómo un hogar se formaba desde una maraña de árboles y maleza. Este era un lugar donde hombres y mujeres podían vivir juntos con calidez, seguridad y en medio de una familia amorosa. Era una combinación de carpas, un área común cubierta de plástico, cercas, baños portátiles, un estacionamiento, un contenedor de recolección de basura y una edificación prefabricada para oficinas de Home Depot. Comenzamos a recibir residentes y, de inmediato, eligieron un consejo de gobierno que comenzó a trabajar en elaborar un conjunto de reglas.

Es importante decir con toda honestidad y con mucho agradecimiento que Hangtown Haven no habría sido posible sin el apoyo activo de la vicealcaldesa, Wendy Thomas. Ella fue la primera funcionaria de la ciudad o del condado que se involucró y respaldó a Hangtown Haven en su intento por construir un refugio para personas sin hogar. Ningún otro funcionario de la comunidad estaba dispuesto a asumir la responsabilidad de proporcionar un refugio para nuestra población sin hogar. Quiero que quede claro cuánto le debemos por su valiente postura de ayudar a los menos afortunados en nuestra comunidad. Aunque tuvimos algunas pequeñas diferencias, y mi rapidez para concretar las cosas a veces la desconcertó, le he dicho y seguiré diciendo a quien lo quiera escuchar, que ella es la chispa que hizo que Haven fuera un éxito.

Y entonces comprendí lo que la ciudad quería decir con «temporal» en el Permiso de Uso Especial cuando me notificaron que Haven se cerraría en noventa días. Su cierre no tuvo nada que ver con su éxito, porque rápidamente fue evidente su rotundo éxito. ¿Fue por razones políticas? Probablemente nunca lo sabremos.

Los hermanos Reed despejando el área de dormitorios

Despejando la maleza y el roble venenoso

Vicealcaldesa Wendy Thomas

CAPÍTULO DIECISÉIS

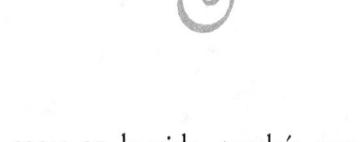

JAMES A.

James aprendió desde una temprana edad que, si quería cosas en la vida, tendría que ganárselas. Comenzó trabajando como lavaplatos, pero también deseaba cosas como un diploma de secundaria y su propio lugar donde vivir. En resumen, quería ser un adulto.

Después de algunos años de trabajar arduamente en la escuela y en su trabajo, logró ambas cosas. Desafortunadamente, tener su propio lugar a tan temprana edad lo llevó a un estilo de vida de fiestas que incluía mucho consumo de alcohol y drogas. Sin embargo, en pocos años se convirtió en jefe de cocina.

Durante los próximos quince años, él fue un adicto/alcohólico funcional muy exitoso en algunos restaurantes de alto nivel. Eventualmente, se agotó de trabajar en la industria alimentaria, aunque siempre trabajó duro. Aprendió muchos oficios diferentes y siempre logró mantenerse a sí mismo y a sus adicciones, aunque tuvo algunos contratiempos que lo obligaron a regresar a casa. En un momento incluso se mudó a Catalina y encontró trabajo pensando que estaba en el paraíso y que nunca se iría. Sin embargo, también logró arruinar eso.

Su adicción a las drogas superó su alcoholismo y terminó vendiendo drogas para mantener un hábito que lo estaba controlando. Para él, había un factor de emoción involucrado, y lo hacía bastante bien, hasta que lo atraparon. Las consecuencias de ese arresto le hicieron replantear sus decisiones destructivas.

James finalmente decidió que necesitaba dejarlo. Una de las opciones que tenía disponible era el "Tribunal de Tratamiento de Adicciones". Era un programa ambulatorio de dieciocho meses que incluía pruebas aleatorias frecuentes, gestión de casos, etc. También se acercó a todas las personas que conocía y les dijo que estaba en este programa y que realmente quería dejar de usar drogas ilegales. Les dijo que, si realmente eran sus amigos, no le venderían, darían ni compartirían nada con él, sin importar que él dijera lo contrario. Se recuperó y se graduó del programa, y desde entonces nunca ha vuelto a consumir drogas ilegales.

Desafortunadamente, su alcoholismo regresó, reemplazando su adicción a las drogas, y comenzó a trabajar en empleos reales nuevamente. Su familia estaba realmente preocupada por él y le pidieron que regresara a casa con su hermana y cuñado. Trabajó a cambio de alojamiento y comida durante algunos años hasta que finalmente se mudó a su propio sitio.

Su alcoholismo alcanzó su punto máximo y se apoderó de su vida. Tenía la intención de beber hasta la muerte, pero parecía que Dios tenía otros planes. En ese momento él bebía hasta perder la conciencia y fue encarcelado durante casi tres años. Durante ese tiempo, se dio cuenta de que esto había sucedido por una razón y que estaba destinado a algo más.

Él se enfocó en mejorar su vida, trabajando en su bienestar físico, espiritual y mental. Justo antes de su liberación, James se enteró de que su amigo Ken se mudaría a Placerville, California, un lugar donde nunca había estado y donde no conocía a nadie. Alguien le habló sobre Hangtown Haven, y decidió que necesitaba encontrar una forma de vivir allí. Un día entró a Hangtown Haven y preguntó si podía convertirse en residente. Fue aceptado, y pronto reconocí sus habilidades después de que la junta directiva le pidiera unirse a ella. Rápidamente ascendió al segundo en el mando y siempre ha tenido un desempeño excelente trabajando tanto con las personas sin hogar como con la comunidad.

James Adkins

CAPÍTULO DIECISIETE

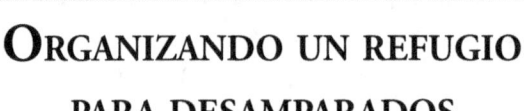

ORGANIZANDO UN REFUGIO
PARA DESAMPARADOS

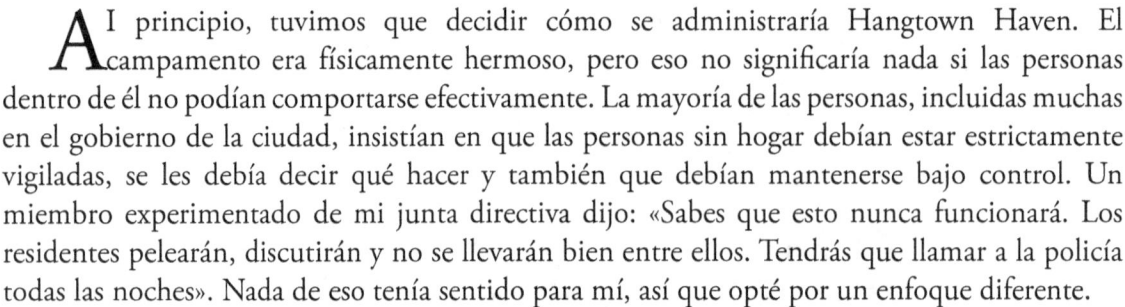

Al principio, tuvimos que decidir cómo se administraría Hangtown Haven. El campamento era físicamente hermoso, pero eso no significaría nada si las personas dentro de él no podían comportarse efectivamente. La mayoría de las personas, incluidas muchas en el gobierno de la ciudad, insistían en que las personas sin hogar debían estar estrictamente vigiladas, se les debía decir qué hacer y también que debían mantenerse bajo control. Un miembro experimentado de mi junta directiva dijo: «Sabes que esto nunca funcionará. Los residentes pelearán, discutirán y no se llevarán bien entre ellos. Tendrás que llamar a la policía todas las noches». Nada de eso tenía sentido para mí, así que opté por un enfoque diferente.

Ahora, por segunda vez en mi vida, estaba completamente a cargo, como presidente y director ejecutivo de una corporación. Algunos ejecutivos tiranos para los que había trabajado solían decir: «He esperado toda mi vida para ser el jefe, y ahora que estoy a cargo, todos harán exactamente lo que yo quiera». Me alentaron precisamente a hacer eso, pero mi experiencia y las cosas que me había contado mi padre, me guiaban hacia otra dirección. Recuerdo que mi padre solía decir: «La persona que hace el trabajo, sabe cómo hacerlo mejor». Aquí había una buena oportunidad para comprobar si tenía razón, así que entregué por completo la responsabilidad del refugio a los propios residentes. Cuando le conté mi plan a los líderes de la ciudad, simplemente levantaron los brazos y preguntaron: «¿Has perdido la cabeza?».

Primero les dije a los residentes que formaran una junta directiva y eligieran a un presidente. Luego me senté a ver cómo se desarrollaba todo. Al principio, eligieron a tres hombres y pusieron a una mujer a cargo. Les recordé que no debían tomar decisiones sin el acuerdo de toda la junta. Su decisión más difícil siempre fue a quién expulsar del refugio debido a algún comportamiento inadecuado, así que primero tuvieron que redactar un conjunto de reglas que todos seguirían. Mi junta directiva y yo aprobamos sus reglas y las enviamos a la ciudad para su revisión. Las aprobaron, y comenzamos a funcionar.

Al principio, la junta de residentes y su presidente no creían que realmente se les permitiría tomar decisiones. Así que venían a mí y me contaban sobre una decisión que tenían que tomar y me preguntaban qué debían hacer. En este punto, tenía que ser muy cuidadoso, porque hay una tendencia en todos nosotros a cargo de tomar una decisión y transmitirla como si fuera definitiva. Esto debe evitarse a toda costa.

Así que, por mucho que estuviera tentado a decirles qué hacer, repetía la misma respuesta una y otra vez: «No lo sé. Ustedes están a cargo, así que es su decisión; solo avísenme lo que decidan». Las únicas veces que pedía formar parte del proceso era cuando la decisión involucraba cuestiones de ingeniería o políticas. Aparte de eso, estaban por su cuenta.

Al principio, no me creían. Me traían un problema para resolverlo y luego se sorprendían cuando les decía que buscaran la solución por sí mismos. Después de unas semanas de esto, finalmente llegaron a la conclusión de que eran realmente responsables del refugio en el que vivían. Cuando lo comprendieron, asumieron su responsabilidad con mucha seriedad. A veces compartían una decisión que habían tomado conmigo y me preguntaban si tenía alguna sugerencia mejor. De vez en cuando yo decía: «Ese tipo que acaban de echar parecía una buena persona. ¿Por qué se deshicieron de él?»

Una respuesta típica era: «No querrías a este tipo viviendo en tu casa y nosotros tampoco queremos que viva en la nuestra». Una de las buenas razones para permitir que los residentes tomen estas decisiones es que la mayoría de las personas sin hogar han pasado por adicciones a las drogas o al alcohol en algún momento de sus vidas. Sabían cómo detectarlo, y me acostumbré a escuchar: «Ha estado consumiendo metanfetaminas. Mira su rostro». No tenía idea de lo que estaban hablando y simplemente me encogía de hombros. «Lo que digan. Ustedes están a cargo».

El respeto propio es uno de los ingredientes que falta en la vida de muchos desamparados. Una persona sin hogar típica ha pasado por la pérdida de su trabajo, su hogar, su familia y finalmente su respeto propio. No es de extrañar que recurra a alguna adicción. Es emocionante ver cómo el respeto propio que han perdido regresa a cada uno de ellos. Esto sucede cuando a cada persona se le da la oportunidad de regular su entorno y tomar decisiones nuevamente para su propia vida.

Muchos de los desfavorecidos tienen una buena educación. Becky, miembro de nuestra junta de desamparados, había cursado un año de Derecho antes de perder a su madre y su hogar. Aprendió a tomar buenas decisiones nuevamente después de unas semanas de luchar contra una profunda depresión y dolor. La junta reconoció su nivel de inteligencia y le pidió que formara parte de su cuerpo directivo. Ella aceptó con gratitud y se convirtió en una miembro destacada, guiando a otros residentes a través de su propia desesperación y llevándolos de vuelta a un patrón de vida responsable.

Esto lleva mi historia a un nivel notable de éxito que ninguno de nosotros predijo. A los desamparados no se les permitía entrar en el refugio si eran bebedores o consumidores de drogas. Como mencioné anteriormente, nuestros miembros de la junta a menudo podían identificar a alguien que lo hacía con solo mirarlo. Yo, como mencioné, no podía hacerlo. Pero algunos se colaron y eran nuevos en la sobriedad. Fueron estas personas a las que nuestros miembros de la junta se apegaban.

Todos en el campamento se unían para ayudar al adicto durante esos meses cruciales en los que luchaba contra los síntomas de la abstinencia. Uno de nuestros residentes, que se había unido recientemente a nosotros, salía de su tienda por la mañana y decía: «¡Treinta y seis días sin beber! ¡Hurra!» Todos en el campamento se levantaban, corrían hacia él y le daban un abrazo y un beso. Él sonreía. «Ahora tienes que volver a lograrlo hoy», decía alguien, y todos se sentaban alrededor del fuego en esa fría mañana y le decían lo especial que era y que iba a superarlo. Aún puedo verlo sonriendo mientras tomaba su primera taza de café caliente y asentía afirmativamente.

Una miembro de la agencia de salud mental del condado fue a vernos en una de sus visitas y compartió una historia interesante. Nos dijo que su experiencia en la recuperación de personas adictas no era la mejor. «Oh, era fácil sacarlos de las drogas o el alcohol, pero el problema era mantenerlos alejados. La tasa de recaída a la adicción era algo así como el 80 %», según recuerdo. Se sorprendió cuando le dijimos que ninguno de nuestros residentes volvía a las drogas o al alcohol mientras continuaban viviendo en el refugio. Sus compañeros no se lo permitían.

Por supuesto, era más que simplemente evitar que volvieran a sus antiguos hábitos. La presión de tu grupo de apoyo es enorme, y el vínculo comunitario que surgió del refugio era más fuerte de lo que incluso nosotros pensábamos. Nadie tenía que criticar a alguien por volver a beber. Era simplemente la idea de que habías decepcionado a tus amigos, un pensamiento que no necesitaba expresarse. Estaba presente en los ojos de todos. Nadie se atrevía a volver a beber. Ya no habría más abrazos, ni más palabras de ánimo como «¡Bien hecho, John! Estamos contigo». La lucha contra la adicción no es fácil ni placentera, pero cuando cuentas con el apoyo de otras cuarenta personas, la mayoría de las cuales ya habían pasado por eso antes de que llegaras, de alguna manera se vuelve más fácil y seguro. «Tengo que superar esto. ¡No puedo defraudarlos!» Nuestra amiga del condado se fue sacudiendo la cabeza.

Fila de tiendas en HTH

CAPÍTULO DIECIOCHO

PRIMEROS ERRORES

Cometimos varios errores organizativos al principio. La primera líder de grupo seleccionada por los residentes era una mujer que acababa de regresar de Irak. Era una veterana del ejército que había estado en la policía militar, así que supuse que sabía cómo liderar un grupo, aunque yo no la había elegido. Como con cualquier líder, me mantuve al margen y observé cómo dirigía las operaciones. Ella colaboraba y hacía su parte para que las instalaciones fueran habitables. Sin embargo, sus habilidades de gestión dejaban que desear.

Ella tomaba decisiones cruciales sola y no consultaba con otros miembros de su equipo directivo. Creo que su estilo de gestión deficiente ayudó a los demás a comprender lo importante que era incluir a todos en el proceso. Entonces dejó el refugio por razones que no puedo recordar, y otra persona asumió el liderazgo.

Larry era un exmarinero y veterano de Irak. Cuando se dio cuenta de que yo también había sido oficial naval y veterano de la Guerra de Corea, los dos nos llevamos bastante bien. Si has estado cerca de dos exmarineros, sabrás que pasan la mayor parte del tiempo compartiendo historias del mar, algunas reales y otras no tanto. A menudo, al volver a contar los acontecimientos, parecen que se hacen más dramáticos cada vez que se cuentan. Cuando se vuelve a contar la historia, los mares son más altos, los vientos son más fuertes y el enemigo está más presente. Hay historias del mar que los marineros de agua dulce simplemente no entenderían.

Él escuchaba atentamente mientras le explicaba cómo funcionaba nuestro sistema. Él debía compartir cualquier problema con los otros miembros de la junta, y entonces, juntos, tomar una decisión. Pero si había desacuerdo en el grupo, él era el que tenía la palabra final. Era una experiencia nueva para él. Estaba acostumbrado a recibir órdenes desde el puente. Pero pronto le cogió el truco y, siendo una persona básicamente inteligente, tomó decisiones muy acertadas. Fue otro ejemplo de alguien que debería haber tenido un trabajo de liderazgo bien remunerado en la industria, pero se vio atrapado en la tragedia de la recesión económica del país.

Él terminó consiguiendo un excelente empleo como conductor de camiones con su propio vehículo en Texas. Nos envió un cheque de $ 25 de su primer sueldo después de irse de Hangtown

Haven. Ha venido varias veces desde entonces durante algunos de sus viajes por todo el país para hablar sobre los viejos tiempos y compartir con nosotros su vida después de graduarse. Recientemente supimos que estuvo involucrado en un grave accidente mientras conducía su camión y estuvo inmovilizado durante un tiempo. Afortunadamente, se ha recuperado y está conduciendo nuevamente.

Cuando Larry se fue para su nuevo trabajo en Texas, el segundo al mando de la junta asumió el rol de liderazgo. Ken había observado cómo funcionaban las cosas cuando Larry estaba a cargo, y la transición fue fluida. Rápidamente se ganó el respeto de los cuarenta o más residentes e incluyó a todos los miembros de la junta en sus decisiones. Teníamos reuniones de la junta una vez a la semana, y hasta la policía asistía para ver cómo iban las cosas. Fue idea de la junta invitar al sargento a cargo del área.

El sargento de policía Carl Bialorucki es un oficial increíblemente preocupado por la difícil situación de las personas sin hogar. Pasaba varias veces a la semana para sentarse, tomar una taza de café y charlar con los residentes. Conocía el nombre de todos, y todos aprendieron a respetar a la policía al escucharlo y compartir su situación con este asombroso oficial. Cada vez que se iba, alguien decía: «Oye, ese policía no era tan malo después de todo».

Formar una amistad con la policía local y hacer que participen en los asuntos del refugio no es solo una buena idea, es imprescindible. Es el mismo principio que se aplica al incluir al jefe de bomberos local en tu planificación, con la diferencia de que la policía debe estar involucrada a diario y se les debe pedir que hablen con cada uno de los residentes.

Las experiencias que la mayoría de las personas sin hogar han tenido históricamente con la policía han sido malas, y lleva tiempo lograr que los desamparados crónicos se sientan cómodos cerca de un policía. Sin embargo, que la policía fuera a visitar y conociera a los residentes, fue un gran éxito y reflejó la competencia del jefe, George Nielsen. Muchas opiniones cambiaron después de conocer a los agentes locales individualmente. Una taza de café siempre ayuda también.

Hay un dicho que dice que la actitud de una organización refleja la actitud de la persona a cargo. Descubrimos que esto es absolutamente cierto en la actitud de la policía hacia nuestra comunidad de personas sin hogar. El hombre que era jefe cuando comenzamos, George Nielsen, era un líder extremadamente competente y estaba dedicado a ayudarnos a trabajar con los desamparados. Asistía a nuestras reuniones y a menudo felicitaba a los residentes por la limpieza del refugio.

Al principio, el jefe nos dijo que había notado una disminución significativa en los delitos denunciados en el área de Upper Broadway desde el día en que Hangtown Haven abrió. George se sentaba y conversaba con las personas mientras disfrutaba de una porción de pizza o una taza de café. El resto del cuerpo de policía reflejaba su competencia.

Lamentablemente, se jubiló en el otoño de 2013 y la ciudad seleccionó a su sucesor. El cambio que observamos fue inmediato. Menos policías pasaban a charlar y nunca vimos al nuevo jefe en el campamento a menos que fuera para arrestar a alguien. Eso debería habernos advertido de lo que vendría.

El jefe de policía trabaja para el concejo municipal y generalmente eso refleja sus actitudes y prioridades. Estábamos empezando a notar que la actitud del concejo hacia tener el campamento de personas sin hogar había cambiado. Los miembros del concejo eran amables con los residentes desamparados y conmigo, pero debajo de todo eso se estaba gestando un problema. Este problema se manifestó en la actitud del nuevo jefe de policía y en la actitud alterada de los policías en el mejor de los momentos. No creo que el sargento Bialorucki haya vuelto visitar después de que el jefe Nielsen se retirara y el nuevo jefe asumiera el cargo.

El jefe Nielsen disfrutando de una pizza con los residentes

La vicealcaldesa, la presidenta de HTH y la policía

CAPÍTULO DIECINUEVE

BECKY N.

Becky nació de una madre amorosa y un padre de la Fuerza Aérea, pero su padre decidió no formar parte de su vida. A los dos años, le diagnosticaron hiperactividad extrema y la inscribieron en un programa experimental de medicamentos; uno de los fármacos que le dieron fue el Ritalin. A los cuatro años, su madre se volvió a casar y sus padres decidieron retirarle todos los medicamentos de golpe. Su padrastro comenzó a ser físicamente abusivo con ella y con su madre.

Cuando tenía siete años, llegó un hermanito a la familia. A los doce años, su padrastro comenzó a abusar sexualmente de ella, lo que la llevó a faltar a clases y a crear caos en general.

Sus padres compraron una pizzería, y su madre, sospechando lo que estaba sucediendo, comenzó a trabajar largas horas para evitar estar en casa tanto como fuera posible. A los 15 años, Becky comenzó a administrar la pizzería, y a los 16, ingresó voluntariamente en cuidado de crianza. Regresó a la casa de su madre a los 17 años, donde nuevamente trabajó como gerente de cocina en un restaurante local que su madre dirigía. Durante este período, también asistió a la Escuela Secundaria El Dorado, de la cual se graduó varios años después.

Entonces conoció a un joven que tenía una hija propia, y ella se enamoró y se casó con él al año siguiente. Su único sueño era tener una familia propia, un matrimonio amoroso y una casa con una cerca blanca. Un año después, dio a luz a otra niña.

Dos años después, construyeron una casa y la vida fue buena durante aproximadamente 6 años más. Ella era madre de familia en la escuela y líder de las Chicas Exploradoras. Luchaba con los problemas derivados de su abuso, pero intentaba aparentar normalidad. Luego, después de descubrir la segunda infidelidad de su esposo, se enteró de que un amigo cercano de la familia, a quien ella y su esposo habían intentado ayudar, estaba abusando sexualmente de sus tres hijas. Esto fue demasiado para ella, y sufrió un colapso nervioso.

No mucho después de recuperarse, comenzó a frecuentar «The Sportsman's Hall». Mucho después de recuperarse, ella empezó a beber y a aprender a jugar al billar. Allí conoció a un hombre con el que empezó a salir y que la introdujo al mundo de la metanfetamina. Se dio cuenta de que había sido adicta desde los dos años; el Ritalin ya la había vuelto vulnerable.

Salió con ese hombre intermitentemente durante los siguientes catorce años, pasando una buena parte de ese tiempo consumiendo drogas. En 2003 se separó de él y dejó de consumir. En 2004 se mudó a Folsom para cuidar a su madre, quien sufría de EPOC. En 2005 volvió con su esposo y juntos estuvieron desintoxicados durante aproximadamente un año. En 2008 heredó $ 86.000 y lo gastaron todo en aproximadamente un año. Luego regresaron a Placerville y vivieron en varias casas, pero ella no pudo superar su adicción.

El Día de las Madres en 2010, fue arrestada bajo cargos de obstrucción a la justicia por desafiar a un oficial de policía y no seguir sus instrucciones. Esa fue la última vez que consumió drogas. Esos fueron los cinco peores días de su vida.

Aún estaba atrapada en un estilo de vida adictivo, y en septiembre de 2011, ella y su esposo se mudaron a una casa rodante en Placerville. Su madre se estaba enfermando casi a diario, y cuidar de ella era un trabajo a tiempo completo.

Entonces, el 04 de diciembre, todo cambió para siempre. Esa mañana, Becky había planeado ir al Desfile de Navidad, pero rápidamente quedó claro que tendría que llevar a su madre de vuelta al hospital. Su madre había empeorado gravemente. La policía llegó, pero los oficiales no permitieron que Becky llevara a su madre al hospital. Su madre murió en el suelo frente a ella. La vida se deterioró paulatinamente para ella después de eso.

Conocí a Becky, ya siendo una desamparada, cuando Ken la llevó al refugio un día y me la presentó. Era obviamente muy inteligente, y animé a los demás a que la incluyeran en la junta directiva. Así lo hicieron, y ella hizo más de su parte para ayudar a aquellos hombres y mujeres que más lo necesitaban. Todos se enamoraron de ella, ya que se adaptó naturalmente al ambiente y a la camaradería de Hangtown Haven. Aún sigue ayudando a las personas sin hogar mucho después de haber retomado una vida productiva, con trabajo, hogar y un nuevo esposo.

Becky Nylander Green

CAPÍTULO VEINTE

CONSTRUYENDO UN REFUGIO

Ahora hablemos sobre los diferentes tipos de refugios para personas sin hogar que existen, sus ventajas, desventajas, costos, zonificación y los requisitos de diseño de cada uno. Antes de analizar cada tipo, aquí tienes una lista de lo que considero que deben ser requisitos de cualquier refugio para personas sin hogar.

La propiedad debe:

- Estar a poca distancia de una línea de autobús

- Estar zonificada de acuerdo a la SB-2 si se trata de una edificación para evitar la necesidad de un Permiso de Uso Especial

- Tener una línea de suministro de agua cercana

- Tener una línea de alcantarillado cercana, o

- Con la posibilidad de construir una fosa séptica en la propiedad (esto puede evitarse con baños portátiles)

- Estar adyacente a un suministro eléctrico (PG&E)

- Estar relativamente nivelado y accesible para sillas de ruedas

- Tener protección de sombra

- Estar cerca de posibles puestos de trabajo para los residentes

- Ser accesible por carretera

Refugio para desamparados estilo dormitorio

Esta es una edificación grande en la que se puede alojar a cualquier cantidad de personas sin hogar. Los residentes suelen dormir en literas en una sala abierta, similar a un gimnasio, cuartel o dormitorio grande. Cualquiera que haya estado en el Ejército, la Marina, la Fuerza Aérea, el Cuerpo de Marines o la Guardia Costera, sabe a qué me refiero con esto. Puede ser una edificación nueva, diseñada específicamente para ser utilizada por una gran población de personas sin hogar, o también puede ser un almacén existente que se ha convertido en un refugio para personas sin hogar. Las principales ventajas de utilizar una edificación como refugio, ya sea nueva o existente, son que se pueden construir con todo lo que una comunidad de personas sin hogar y una organización sin fines de lucro supervisora, necesitan para funcionar. Por ejemplo, una edificación de refugio bien diseñada debería incluir:

- Una cocina comercial

- Amplios armarios y frigoríficos para almacenar alimentos

- Amplia área común para comer y reunirse con TV y chimenea

- Baños y duchas independientes

- Cuarto de lavado y secado de ropa

- Biblioteca para estudiar y buscar trabajo

- Área de dormir separada para pacientes recién dados de alta de los hospitales

- Oficina para la organización sin fines de lucro

- Pequeñas salas de reuniones para sesiones de terapia individual o grupales

- Dormitorio para voluntarios que pernocten

- Almacenes para materiales y pertenencias de los desamparados

- Control de calefacción y temperatura

- Pequeñas áreas de clínica médica

- Sala de registro y control para los voluntarios

- Patio adyacente para barbacoas y picnics

- Área de estacionamiento adecuada (requisito del código de construcción)

La desventaja de una sola edificación es que no se puede ampliar fácilmente si llegan más personas sin hogar de las que se habían previsto.

No hace falta decir que una edificación de este tipo y su propiedad serán costosos y deben cumplir con los códigos de construcción locales y estar diseñados por arquitectos e ingenieros con licencia. Sin entrar en detalles, quiero hablar sobre uno de los requisitos más costosos que tendría una edificación como esta: los requisitos de protección contra incendios y seguridad.

Ahora es una ley estatal en California que se instalen rociadores contra incendios en el techo, que se abran automáticamente cuando se detecta un incendio en la edificación mediante sensores de calor. La ley exige un espaciado específico de estos rociadores a lo largo del techo y un suministro de agua lo suficientemente grande para activar todos los rociadores al mismo tiempo. Uno solo puede imaginar el tamaño de las tuberías de suministro de agua necesarias para una edificación que alberga a cien personas sin hogar.

El segundo requisito de seguridad contra incendios es que un hidrante debe estar ubicado a menos de quinientos pies del edificio donde viven las personas. Y esto se refiere a quinientos pies desde la vía. Además, el edificio también debe estar abastecido por una tubería de agua dedicada de seis pulgadas de diámetro. Como dice el viejo refrán, ahora estamos hablando de dinero de verdad.

He escuchado de una fuente confiable que estos requisitos de protección contra incendios no se aplican si se trata de una edificación existente que ha sido modificada, pero no lo he confirmado.

Ahora es importante entender el Proyecto de Ley del Senado 2 (SB-2) y sus implicaciones en la construcción de refugios para personas sin hogar. Durante muchos años, los condados y municipios de nuestro estado han utilizado sus leyes de zonificación para excluir la construcción de refugios para personas sin hogar en sus comunidades. En respuesta a esta artimaña, el estado aprobó el SB-2 en 2007. El proyecto de ley consta de treinta páginas y requiere, entre otras cosas, que todos los condados y ciudades designen una de sus zonas en la cual se pueda construir un refugio para personas sin hogar «por derecho». Cada comunidad está obligada a aceptar este proyecto de ley y establecer la zona correspondiente. Creo que a cada condado/ciudad se le dio un año para aceptar el proyecto de ley.

El condado de El Dorado respondió rápidamente y estableció una de sus zonas «comerciales» en la que se puede construir un refugio. La ciudad de Placerville se demoró y no aceptó la ley hasta 2012, y luego designó la «carretera comercial» como su zona de elección. Resulta que solo hay dos calles en la ciudad con esa zonificación, que suman quizás medio kilómetro en total. El SB-2 se aplica a propiedades con edificaciones, pero no a carpas. Más adelante hablaré sobre ello.

Si la Junta de Supervisores de tu condado aún no ha votado para aceptar el SB-2, están violando la ley y, supongo, que son susceptibles a una demanda. No dudes en amenazarlos con una demanda si es necesario. Recuerda que el SB-2 no requiere que un condado/ciudad construya un refugio para personas sin hogar, solo que deben designar una zona en la que se pueda construir «por derecho», como una ferretería o una farmacia. Si intentas construir tu refugio en una zona distinta a la designada para cumplir con el SB-2, necesitarás un Permiso de Uso Especial, algo prácticamente imposible para la construcción de un refugio para personas sin hogar.

Una ciudad de carpas

El término «ciudad de carpas» tiene connotaciones negativas en la mayoría de las comunidades, y su significado es bastante evidente. A cada persona sin hogar o pareja se le proporciona una carpa para dormir. Luego se agrega una carpa o edificación separada para el área común, así como una carpa o edificación pequeña para voluntarios. Las carpas del área común son en realidad estructuras de tela de 6'x6', 8'x8' o 8'x12', posicionadas alrededor de una chimenea para que los residentes puedan reunirse sin mojarse en la lluvia. Hangtown Haven era una ciudad de carpas, aunque nunca la llamamos así..

Colocamos las carpas (de 8'x10' por 6' de altura) sobre paletas cubiertas con madera contrachapada para evitar que la lluvia y el agua corriente ingresaran. Cada parcela se nivelaba para mayor comodidad, y las carpas se cubrían con una lona de plástico impermeable. Las carpas en sí no son impermeables.

Una ciudad de carpas tiene la ventaja de proporcionar un lugar de almacenamiento privado para cada residente y permite que cada persona duerma sola, todo a un costo relativamente bajo. Esta ventaja es importante para muchas personas desamparadas crónicas.

Una ciudad de carpas también tiene algunas desventajas, una de las cuales es la nieve. En una ocasión nevó en Hangtown Haven durante el invierno, y los residentes corrían de un lado a otro por la fila de carpas para quitar la nieve antes de que se acumulara lo suficiente como para hacerlas colapsar. No siempre tenían éxito, pero las reparaciones se hacían fácilmente.

La principal desventaja, aparte de las obvias, es que las carpas no están permitidas como viviendas permanentes en los códigos de construcción de ningún condado o ciudad. Esto significa que necesitarás un Permiso de Uso Especial para construir una ciudad de carpas para personas sin hogar en tu comunidad. Obtener un Permiso de Uso Especial para cualquier cosa es casi imposible, y obtener uno para construir un refugio para personas sin hogar es casi tan difícil como construir un avión de concreto. Tuvimos éxito solo porque la ciudad estaba de nuestro lado al principio. Además, pudimos argumentar que Placerville fue fundada en 1849 por 10.000 mineros de oro que vivían en carpas, y a ellos no pareció importarles. Pero algunos de ellos se hicieron ricos. Esto plantea la pregunta de qué prevalece: ¿los códigos de construcción o las leyes de zonificación? Probablemente la pregunta deba resolverse legalmente, aunque yo apostaría por el código de construcción.

Carpa en HTH

Carpa en HTH

Edificaciones individuales de madera

Imagina estas edificaciones reemplazando a las carpas. Diseñamos una edificación de 8'x12' con dos literas incorporadas y colchones, un escritorio y un armario. Construimos una para exhibición (a pesar de la desaprobación de la ciudad) y la mostramos a cualquiera interesado. Tiene la ventaja de no ser una carpa, pero aún así está sujeta a los códigos de construcción, por lo que probablemente se necesitará una boquilla contraincendios. Además, la mayoría de los códigos de construcción ahora exigen que se incluya aislamiento en las paredes para proteger a los habitantes del frío. Nuestra pequeña edificación se construyó con una sola pared. Si se requiriera aislamiento, habría que añadir una pared interior de paneles de yeso o contrachapado..

En cuanto a los rociadores contra incendios, cincuenta de estos hogares de madera construidos juntos no necesitarían un sistema de agua lo suficientemente grande como para hacer que todos se activen al mismo tiempo. Dimensionar el sistema para uno a la vez parecería ser adecuado, ya que es poco probable que se inicie un incendio en todos los edificios al mismo tiempo. Las autoridades locales de bomberos tendrían que estar de acuerdo con esto.

La edificación de madera que construimos costaba alrededor de $ 2500, incluyendo literas, colchones, escritorio y suelo de linóleo. Sin embargo, un precio de $ 3000 probablemente es más preciso.

La mejor combinación para un refugio para desamparados parece ser comenzar con carpas y luego construir edificaciones pequeñas individuales, reemplazando las carpas a medida que haya financiamiento disponible. Personalmente, esta opción me parece la mejor.

Refugio de madera de 8' X 12'

**Residentes desamparados
armando sus edificaciones de madera**

La construcción de edificaciones pequeñas de aproximadamente cien pies cuadrados está ganando popularidad en todo el país, y con razón. Sin embargo, las personas deben conocer los códigos de construcción aplicables en la ciudad o el condado. Aunque se trate de una edificación pequeña, si hay personas en ella, debe cumplir con los mismos requisitos eléctricos, contra incendios, aislamiento, concreto y otros que se encuentran en los códigos de construcción. Debes trabajar con el departamento de construcción para conocer sus requisitos específicos.

Apartamentos

En mi opinión y experiencia, proporcionarles apartamentos individuales a las personas sin hogar es la opción más costosa y que aporta menos beneficios para los residentes desamparados. Ayudamos a algunos de nuestros residentes a mudarse a sus propios apartamentos y descubrimos que lo primero que hicieron fue organizar una fiesta con cerveza en sus nuevos hogares. La persona sin hogar típica responde muy bien a tener a otros como él cerca, como cualquier otro grupo de personas. Permitirle vivir solo generalmente abre la puerta a los problemas. Podría funcionar como una opción de una segunda fase, pero a menudo no es adecuado para aquellos en su fase inicial de recuperación. Es demasiado fácil organizar una fiesta.

El segundo problema con las viviendas individuales o los apartamentos es que muchas personas no saben cómo vivir solas. Planificar, comprar y preparar alimentos, por ejemplo, nunca ha formado parte de sus vidas. Esto es especialmente cierto para los hombres cuyas vidas generalmente han sido apoyadas por madres, esposas o novias. Antes de proporcionarle un apartamento a una persona sin hogar, debes asegurarte de que haya superado su adicción y que pueda sobrevivir por sí misma; en otras palabras, alguien que esté en la segunda fase de su recuperación

Viviendas alquiladas

El alquiler de una vivienda para hasta seis personas sin hogar es posible, pero tiene algunos de los problemas mencionados en el párrafo anterior, además de otro problema muy importante. Nuestra experiencia aquí en el condado de El Dorado no ha sido buena. El único intento que hicimos de alquilar una vivienda (ver el capítulo 29) resultó en que varios propietarios rechazaran nuestra solicitud de alquiler de su vivienda cuando se enteraron de que alojaríamos a personas sin hogar. Para evitar los problemas mencionados en el capítulo anterior, te recomiendo colocar a un «administrador de vivienda» junto con los demás

Refugio rotativo

En algunas áreas, incluido el condado de El Dorado, las iglesias se han unido para abrir sus puertas, y una de ellas, incluyendo El Dorado, permite que las personas sin hogar duerman en el santuario u otras partes de la iglesia. Varias noches a la semana, los desamparados son trasladados a una ubicación diferente cada noche. Este programa ayuda a mantener a las personas fuera de la calle por la noche, pero también tiene varias desventajas:

- Se necesita una flota de furgonetas o autobuses para transportar a las personas sin hogar

- Se necesitan conductores cualificados

- Se desestabilizan a las personas sin hogar trasladándolas a un lugar diferente cada noche. Ellos necesitan estabilidad

- Los autobuses dejan a los desamparados en la ciudad cada mañana para que pasen el día vagabundeando

- El transporte lleva cuatro o cinco horas al día

- Se aceptan personas sin hogar que no sean del área, ya que es imposible verificar su domicilio

- Es difícil separar a los «desamparados crónicos» de las madres con niños pequeños en los albergues rotativos.

- Se necesita un gran número de voluntarios en el refugio, incluidos los que pasan la noche.

Se puede hacer, pero recomiendo que un sistema de refugio rotativo sea el último recurso; es mejor que dormir en la calle si no hay nada más disponible.

Fases

Tiene sentido considerar la posibilidad de ayudar a las personas sin hogar por fases, a medida que se reincorporan a la sociedad y a un hogar propio. La primera fase tiene varios objetivos:

- Salir de cualquier adicción

- Familiarizarse con otras personas en su misma situación

- Dedicarse a que dejen de preocuparse por su propia situación y empezar a ayudar a los demás

- Aprender a sobrevivir por sí mismos

- Empezar a buscar empleo o volver a estudiar

- Dejar de culpar a los demás de su situación

- Aceptar la responsabilidad personal de salir de la indigencia

- Aprender a compartir sus sentimientos

Como se mencionó anteriormente, muchos de los desamparados crónicos no podrán completar todos estos objetivos. Esto se debe a que algunos no tienen interés de hacerlo, mientras que otros necesitan atención profesional que un refugio no puede proporcionar. Cualquiera de los tres primeros refugios mencionados anteriormente proporcionará el entorno necesario para lograr la fase uno. Cuando un residente ha demostrado que ha cumplido con los ocho elementos mencionados anteriormente, es hora de pasar a la segunda fase.

La segunda fase implica vivir solo en un apartamento o casa alquilada por la organización sin fines de lucro. Aprender a sobrevivir implica aprender a planificar, comprar y cocinar alimentos. Esto parece bastante natural, pero es sorprendente cuántos desamparados no saben cocinar ni mantener una cuenta bancaria.

En Hangtown Haven, solo pudimos graduar a muy pocos residentes a una situación de vida de segunda fase. Por lo tanto, no tenemos datos para ilustrar su tasa de éxito. Los pocos que hemos visto han confirmado la importancia de no intentar esta fase hasta que se completen con éxito todos los elementos mencionados anteriormente. Incluso es sabio quedarse un poco más en la fase inicial para asegurarse de que el residente esté realmente listo para avanzar.

Un campamento feliz

CAPÍTULO VEINTIUNO

DETALLES DE LA CONSTRUCCIÓN

Para hacer que Hangtown Haven fuese exitoso en Upper Broadway, proporcionamos lo siguiente:

Agua

La propiedad en la que se construyó el refugio tenía un pozo que se perforó a varios cientos de pies para extraer agua que abastecía a las viviendas de la familia Wilkinson en la colina. El Sr. Wilkinson amablemente nos permitió conectarnos a su línea de suministro y proporcionar agua a nuestros residentes sin hogar. Mi experto en agua instaló un sistema de purificación de agua que garantizaba que el agua del pozo fuera potable y conectó todas las tuberías sin costo para nosotros. Aunque parecía innecesario realizar pruebas, ya que la familia Wilkinson había estado bebiendo el agua del pozo durante unos veinte años, consideré prudente hacerlo. Analicé el agua en busca de contaminantes y salió limpia. Los residentes sin hogar realmente disfrutaron de tener un suministro infinito de agua limpia para su uso personal.

Electricidad

Un poste de servicio de PG&E estaba junto al pozo, y la electricidad se había conectado a un panel de interruptores que suministraba energía a la bomba de agua del pozo. Llegué a un acuerdo con el Sr. Wilkinson: si nos permitía conectarnos al suministro eléctrico de la bomba, pagaríamos su factura de electricidad. Nuestro electricista hizo la interconexión con varios interruptores nuevos y construyó un panel de madera a lo largo de nuestra pared con seis tomas dobles incorporadas.

Esto les dio a los residentes la posibilidad de enchufar un televisor, cafetera, horno de microondas y computadora portátil, y también les permitió cargar sus teléfonos. Creo que disfrutaron tanto de tener un suministro ilimitado de electricidad como de tener agua limpia. Debo admitir que cometí un error en este punto. Olvidé pedirle permiso a la ciudad para conectar el suministro eléctrico, y no estuvieron contentos al descubrir que ya se había instalado. Afortunadamente, había utilizado un electricista con licencia que la ciudad conocía y respetaba.

Cuando él los llevó a una visita de la instalación, inmediatamente dieron su aprobación y elogiaron su trabajo. Sin embargo, eso no impidió que el ingeniero de la ciudad se quejara de mí. Las cosas estaban sucediendo tan rápido en ese momento que simplemente olvidé mantenerlo informado. Mi consejo es que no cometas el mismo error.

Basura

La Dorado Disposal Company (compañía de desechos) fue más que generosa con nosotros. Instalaron y mantuvieron un gran contenedor de basura estrictamente para nuestro uso sin coste alguno. La señora a cargo de su oficina siempre fue muy cooperativa con nosotros y brindó un servicio excepcional y amigable. Siempre estaré agradecido con ella y su jefe por su generosidad.

Inodoros portátiles

La familia de Barry Wilkinson tenía un servicio de inodoros portátiles en el condado y también fue muy generosa con nosotros. Alquilamos cuatro baños portátiles y nos los regalaron, además de ofrecernos un servicio a mitad de precio. Uno de los tres era un baño adaptado que las residentes pidieron que fuera de uso exclusivo para ellas. Así que coloqué un letrero en la puerta que decía "Solo para mujeres".

Inodoros portátiles

Suministro de agua a la derecha
Tomas eléctricas en el fondo

Chimenea

Compré una chimenea de metal que tenía un largo ducto que se extendía por encima de una marquesina de tela circundante. El inspector de incendios pasó para asegurarse de que el ducto estuviera bien sujeto a sus contigüidades, para que el viento no se lo llevara volando. La Iglesia de la Comunidad de Green Valley nos proporcionaba leña y la comodidad del área común, calentada por un fuego crepitante, era indescriptible.

Incluso cuando la noche no estaba demasiado fría, los residentes se reunían alrededor del fuego y compartían historias que les daban una sensación de pertenencia que no habían tenido antes. La importancia de esta área era inmensa. Estamos eternamente agradecidos con la GVCC por su suministro continuo de leña.

Leña

Televisión

Alguien dejó un televisor de 52 pulgadas un día, y se puso en uso de inmediato. No podíamos recibir señal de televisión en la zona, pero las personas donaron películas que los residentes disfrutaban todas las noches mientras se sentaban junto al fuego y asaban malvaviscos.

Oficina

Hubo cierto debate sobre la importancia de tener un espacio de oficinas junto al centro comunitario. Pero pronto quedó claro cuán importante era. Compré un cobertizo prefabricado en Home Depot, y los voluntarios lo armaron en el lugar. Nuestro electricista conectó suficiente energía desde el panel de interruptores, y la pequeña oficina se llenó de calidez y luz. A los voluntarios les encantó, y la usamos como una sala de reuniones pequeña cada vez que yo estaba en el lugar.

La oficina de los vuluntarios

Cubresuelos

El camino donde se colocaron las carpas era, por supuesto, de tierra. En verano, estaba lleno de polvo, y en invierno, se convertía en un charco de barro. Pedí varios camiones de corteza pequeña, y los residentes la llevaron en carretillas hasta el camino y la esparcieron. Resultó ser un salvavidas para mantener el barro y la suciedad fuera de las carpas individuales. Tener la corteza para caminar valió cada centavo que gastamos en ella.

Cubresuelos

Extintores de incendios

Colgamos extintores de incendios cada cien pies más o menos a lo largo de la cerca. Esto hizo muy feliz al departamento de bomberos

Barbacoas

Compramos varias barbacoas que los residentes usaban periódicamente. Las usaban con frecuencia para cocinar sus propias cenas en las noches cálidas, y tuvimos algunas cenas de picnic para celebrar nuestro éxito a medida que avanzaba el año. Fue divertido invitar al alcalde y al jefe de policía y compartir con ellos tri-tip y salchichas a la parrilla.

Refrigeradores

Alguien donó un refrigerador y un congelador que usábamos para mantener fríos los alimentos. A menudo, las personas pasaban en sus autos y les entregaban alimentos congelados o fríos a los residentes, los que se habrían echado a perder si no hubiéramos recibido estos generosos regalos.

Furgoneta

La donación más costosa que recibió HTHI, aparte de la mano de obra de la excavadora, fue una furgoneta de siete pasajeros donada por Wells Automotive, un concesionario de autos usados en Missouri Flat Road. Le comenté a uno de nuestros voluntarios de la Iglesia de Green Valley que seguramente podría usar una furgoneta multipasajeros para transportar a nuestros residentes a las citas médicas. Después de unos días, el dueño de Wells Automotive me llamó para que recogiera nuestra nueva furgoneta Ford (modelo 2003). Todos estábamos extasiados de tener este generoso regalo y lo usábamos a diario. Puse a James Adkins a cargo, y él la cuidó muy bien.

Donaciones

Los lugareños pasaban en sus autos y se detenían para donar lo que tuvieran. Siempre aceptábamos con gratitud papel higiénico, ropa cálida y artículos para mujeres. Muchas veces se traían grandes donaciones de alimentos. Recuerdo una vez que se donó tanta comida en un solo día que dimos al Upper Room lo que no podíamos usar para su servicio de cena nocturna. El Upper Room ofrece cena a cualquiera que se presente a comer.

Nuestra nueva furgoneta Ford con James en una camiseta anaranjada

Como mencioné anteriormente, no recibimos ni solicitamos fondos de ninguna fuente gubernamental. Todo lo que hicimos fue financiado por donaciones y regalos de iglesias, organizaciones sin fines de lucro e individuos. Durante los quince meses que estuvimos en Upper Broadway, recibimos casi $ 50.000 en donaciones. Todos nosotros en Hangtown Haven estamos muy orgullosos del refugio que proporcionamos sin costarle ni un centavo al contribuyente.

No hay duda de que la propiedad del Sr. Wilkerson era ideal para establecer un refugio para personas sin hogar. El plan de la Autoridad de la Vivienda de Placerville confirmó esto. Pocas propiedades tienen servicio de agua y electricidad esperando a ser conectados a un refugio, pero demuestra lo que se puede lograr cuando todos: los gobiernos municipales, las organizaciones sin fines de lucro, las personas preocupadas y numerosos voluntarios, se unen con un objetivo común en mente. En nuestro caso, hubo algunos problemas importantes que debieron resolverse antes de que se alcanzara el éxito. Comenzar un proyecto como Hangtown Haven antes de que todos en la comunidad estén de acuerdo es arriesgado en el mejor de los casos. Además, como descubrimos, cualquiera de tus partidarios puede volverse en tu contra en cualquier momento y ponerle fin a incluso tus mejores planes.

BOLETÍN DE NOTICIAS DE HANGTOWN HAVEN
01 de noviembre de 2012

A medida que se acerca el invierno, es evidente que el funcionamiento del refugio necesita apoyo adicional de la comunidad de voluntarios. Durante el día, hay momentos en los que se requiere ayuda adicional para coordinar y supervisar la vida de las personas sin hogar que viven allí. Los residentes responsables y experimentados a menudo están fuera durante el día, ayudando en el CRC, buscando empleo o realizando diligencias en el centro de la ciudad. Como resultado, ha habido períodos en los que no hay una persona responsable disponible para coordinar las actividades.

En consecuencia, hacemos un llamado a todas las iglesias, organizaciones sin fines de lucro y otras personas solidarias para que proporcionen voluntarios que nos ayuden a mantener Hangtown Haven funcionando sin problemas. Un equipo de dos voluntarios trabajaría juntos. Estos voluntarios realizarían lo siguiente:

1. Estar en el sitio tres horas al día, de 9:30 AM a 12:30 PM o de 12:30 PM a 15:30 PM.

2. Los turnos serían de cinco días a la semana, y no los fines de semana.

3. Si contamos con diez voluntarios, significaría un turno de tres horas a la semana. Si tenemos veinte voluntarios, significaría un turno de tres horas cada dos semanas.

4. Se proporcionará una oficina y un calentador de propano para complementar la fogata para el calor.

5. La mayor parte del turno se dedicaría a leer o hablar con las personas sin hogar del lugar

6. Entre las responsabilidades específicas de los voluntarios en el lugar se incluyen las siguientes:

   a. Registrar a los nuevos residentes procedentes del CRC y ayudarles a llenar el comprobante de traslado, la exención de responsabilidad y la lista de normas. Entonces, se asegurarse de que estos documentos se guarden correctamente en el expediente de cada persona.

   b. Mantener el censo del centro basado en las nuevas llegadas y salidas.

   c. Mantener el teléfono móvil del centro para emergencias y comunicación local.

d. Coordinarse con los miembros del consejo local para tratar asuntos generales.

e. Asegurarse de que el estacionamiento esté despejado cuando lleguen los camiones de aseo, de reparto o de recolección de basura.

f. Coordinarse con los funcionarios de policía, de salud mental o de libertad condicional cuando lleguen.

Por favor, póngase en contacto con Ron Sachs, Shirley Edwards o Janis Carney si usted está interesado en ayudar a las personas sin hogar de Hangtown Haven. Gracias.

Art Edwards,
Presidente

Un veterano del ejército de Vietnam vivió aquí

CAPÍTULO VEINTIDOS

REFLEXIONES JUNTO A LA FOGATA

Un vistazo al corazón y al alma de Hangtown Haven
por
Rebecca Nylander (Ahora Green)

Estoy sentada mirando alrededor de la fogata que comparto con mi comunidad, la cual es mi familia. Me vienen a la mente las muchas increíbles historias de las que he formado parte. Vivo en una familia de casi 40 hermanos y hermanas. Otros miembros de mi familia han venido, compartido momentos de mi vida y se han ido. Algunos de nosotros hemos vivido juntos durante la mayor parte del año. La calidez del fuego me recuerda a aquella producida por las dificultades que hemos compartido los miembros de esta familia, la cual ha tenido tanto triunfos como derrotas. Pero sobre todo, me recuerda a la esperanza que una comunidad sencilla puede crear, el apoyo que puede ofrecer y la gracia que uno puede recibir de ella. El amor brota y perdura en una población que muchos forasteros desearían que simplemente desapareciera. Permíteme compartir un poco de perspectiva sobre mí misma y algunas de las historias de los miembros de mi familia.

Llegué aquí después de la trágica pérdida de mi madre y mi hogar. Yo era un alma perdida, sumida en el dolor y sin saber a dónde acudir. Lo que encontré aquí en Hangtown Haven fue familia, fe y refugio. Sentirme segura con personas que se preocupaban por mí finalmente me permitió poner los pies sobre la tierra. Desarrollé una gran pasión por lo que hace Hangtown Haven y descubrí que al cuidar a los demás, podía ayudar a sanarme a mí misma. Además de la seguridad y protección aquí, hay un propósito y una recompensa mayor de lo que podría imaginar. Me convertí en miembro del Consejo Comunitario que lidera al refugio.

M es un espíritu gentil que sufre de artritis tan grave que algunos días apenas puede moverse. Un sábado, recibimos una abundancia de donaciones (un hecho extremadamente raro producto de dos bodas locales) que fueron traídas al refugio por personas de la comunidad. M me apartó y mencionó a una familia que vivía cerca con dos hijos adolescentes. Dijo que estaban pasando por momentos muy difíciles económicamente y que no tenían comida. M fue a hablar con esta familia y, aproximadamente una hora después, llegaron los víveres. Pudimos llenar su automóvil y el maletero con alimentos. El hombre se fue llorando y solo dijo: «Imagínate, esta ayuda de un campamento de desamparados». Más adelante supe que M había usado su dinero de la seguridad social para pagar la deuda de alquiler de esa familia y evitar que perdieran su hogar.

R es un alma alegre que sirvió a nuestro país en la Fuerza Aérea en Vietnam. Lucha contra el alcoholismo, pero ha logrado controlar su adicción en Haven mejor de lo que podía haberlo hacerlo por su cuenta. En el último año, ha tenido dos cirugías a corazón abierto. La cirugía más reciente ocurrió hace aproximadamente tres meses y resultó en la colocación de una endoprótesis en su corazón. Cuando los médicos abrieron su pecho, hallaron que R tenía un 99 % de obstrucción del flujo sanguíneo. Como familia, observamos y contuvimos la respiración esperando que regresara con nosotros, afortunadamente lo hizo. R siempre tiene un comentario ingenioso o un chiste un tanto subido de tono para ofrecer. Pero, cuando es apropiado, también es el primero en decir: «Dejen la exageración, chicos, y sean serios».

C es un joven que llegó a nosotros recién salido de la cárcel. Había sido un huésped frecuente allí y era arrogante y engreído. Él nos preocupaba, pero después de estar con nosotros un tiempo, comenzó a comprender de qué se trataba Haven. En consecuencia, empezó a ser desinteresado y a sentir un gran orgullo por tener un área de su vida ordenada y bien cuidada. Durante el verano, incluso se inscribió en la universidad. Es un ejemplo increíble de determinación que también resultó ser todo un caballero. Siempre acompaña a una de las damas a la tienda o la parada de autobús para asegurarse de que llegara allí sana y salva. Se ha vuelto más humilde y siempre tiene una sonrisa para todos.

E es un caballero mayor que ha experimentado más tragedias en su vida de las que nadie debería soportar. Perdió a su esposa e hijo en un accidente de tránsito causado por un conductor ebrio hace algunos años. Esto fue seguido por otras cuatro trágicas pérdidas.

A menudo escuchamos a G gritando por los terrores nocturnos de los que todavía sufre. Antes, G se ganaba la vida como taxista, pero debido a los efectos de la diabetes, ahora no puede conducir ni ver lo suficiente como para hacer sus propias compras. Básicamente, no puede salir del campamento sin un acompañante

JW tiene un trastorno bipolar esquizoafectivo. Necesita una fuente constante de estabilidad externa. También debe ser vigilada constantemente, ya que su estado de ánimo puede oscilar drásticamente desde la alegría hasta el llanto o el comportamiento agresivo. Ha encontrado mucho apoyo en Hangtown Haven y siempre encuentra a alguien dispuesto a escucharla o simplemente darle apoyo si está angustiada. Parece que no hay escasez de comediantes cuando se necesita una distracción tonta. Ella es nuestra risueña, ya que un toque suave en su barriga le provoca risas.

T es uno de nuestros individuos más fuertes tanto física como mentalmente. Fue liberado de prisión después de cumplir catorce años allí por un robo comercial. Salió de esa experiencia como uno de los hombres más agradecidos que he conocido. Ofrece su tiempo como voluntario y siempre está dispuesto a echar una mano. Si hay trabajo por hacer, ahí es donde lo encontrarás. T también me recuerda que la forma más rápida de tener un buen día es comenzarlo con una sonrisa en el rostro. Hace aproximadamente un mes, T sufrió un derrame cerebral mientras trabajaba para un hombre que paga cincuenta dólares al día por diez horas de trabajo duro, un poco por debajo del salario mínimo. T acepta trabajo cuando pueda encontrarlo.

Compartiendo historias alrededor de la fogata

S es una joven de diecinueve años con una discapacidad del aprendizaje grave que creció con una madre que tenía problemas de adicción y también una discapacidad de aprendizaje. A pesar de eso, obtuvo su certificado de finalización de la Escuela Secundaria de El Dorado. Ha decidido continuar su educación inscribiéndose en clases de educación para adultos. A Sine le encanta trabajar con personas mayores y ha estado buscando empleo en ese campo.

JA llegó a Hangtown Haven después de pasar tres años en prisión por un delito relacionado con el alcohol. Si le hubieras preguntado hace cuatro años, te habría dicho que planeaba morir como alcohólico. Ahora es miembro del Consejo de Liderazgo de HTH. Está muy involucrado en el servicio de la Iglesia de la Comunidad de Green Valley y nunca ha faltado a un servicio. Es un firme defensor de un estilo de vida desintoxicado y sobrio, y ofrece compasión cuando es necesario y amor duro cuando es necesario. Fue bautizado el 25 de agosto junto con los demás miembros del Consejo Comunitario de Hangtown Haven.

I era una borracha sin remedio que sufría de problemas de salud mental derivados del abuso físico que sufrió de niña. Al escribir esto, ahora lleva más de 100 días desintoxicada y pasa mucho tiempo ayudando a un amigo en su granja. Sus problemas de salud mental se han estabilizado y ahora está tranquila y siempre es rápida para bromear, recordándonos que no debemos tomarnos demasiado en serio. También es rápida haciéndonos recordar que este es nuestro hogar y que debemos tratarlo como tal.

L llegó tambaleándose a Haven después de ser violada y golpeada brutalmente en un campamento ilegal cercano. Estaba casi fuera de sí, confundida, frágil y perdida. Nunca olvidaré la expresión en su rostro cuando nos preguntó: «¿Me quieren?». Esa es una pregunta que ningún ser humano debería tener que hacer. Está recién comprometida con su sobriedad, pero con firmeza. A pesar de su increíble experiencia inhumana, se acerca a cada alma perdida que puede encontrar, siempre con una oferta de amor y esperanza. Por lo general, aborda la vida a toda velocidad y siempre tiene una gran sonrisa. L no puede regresar a las colinas vulnerable y sola. L fue bautizada el 25 de agosto junto con otros miembros de Hangtown Haven.

K siempre será recordado como parte del corazón y el alma de HTH. Él y su querido amigo se conocieron y llegaron a Haven por gracia y determinación. K, que vino a Placerville, en busca de su hermana, terminó encontrando una familia mucho más grande. Ha ofrecido sabiduría, apoyo y liderazgo a HTH desde sus inicios. K es un protector firme de nuestra familia. También es el primero en recordarnos que tenemos reglas y estándares que deben cumplirse. Fue bautizado el 25 de agosto junto con el resto del Consejo Comunitario de Hangtown Haven. Ahora es el líder de nuestro consejo y le encanta trabajar con Art.

LR está actualmente en proceso de recuperación. Proviene de un entorno difícil. Ha tenido muy poco apoyo en su joven vida y dejó a su familia para encontrar su propio camino. Al igual que muchos de nuestros residentes, llegó a nosotros con muy poca conexión con el mundo que lo rodea. Encontró a nuestra familia y volvió a conectarse con los seres humanos y el mundo exterior. Es un gigante amable y a menudo me maravillo al ver a este hombre de gran envergadura abrazando a alguien más pequeño que necesita consuelo y amor. Ha trabajado en el campo del cuidado y quedó devastado cuando un cliente y buen amigo falleció.

F posee una mente brillante y es miembro del Consejo Comunitario. Asiste regularmente a la Iglesia de la Comunidad de Green Valley y suele salir de la iglesia cada domingo con una palabra o frase de profunda para la semana. Él es la conciencia del Consejo Comunitario y nos mantiene enfocados en nuestra misión y rol. Dedica su corazón y alma a Hangtown Haven y busca formas de informar al mundo exterior sobre quiénes somos y qué representamos. Como diseñador de nuestro sitio web, invita a todos los interesados a visitar www.hangtownhaven.org.

CD es un joven que sufre de graves discapacidades del aprendizaje y problemas de salud mental. Su padre se suicidó cuando era joven y su madre recurrió a las drogas y al alcohol. Es otra alma bondadosa que, cuando fue a vivir con nosotros, ilustró cómo puede verse la desesperanza. Ahora se desempeña bien en el entorno de aceptación que ha encontrado en Haven. Incluso ha comenzado a prosperar. Actualmente está en la escuela queriendo conseguir su GED.

B es un alcohólico en proceso de recuperación. Recientemente le diagnosticaron cáncer de próstata. Cuando llegó por primera vez, el campamento estaba un poco dudoso acerca de este joven. Resultó ser un gran cocinero, un gran amigo y un gran comunicador. Depende de nuestro apoyo y amistad para aliviar sus temores. Realmente se ha convertido en parte de nuestra familia. Fue bautizado el 25 de agosto junto con otros miembros de nuestro campamento.

DM es un chico genial. Debido a un desafortunado accidente cuando tenía 17 años, no tiene memoria a corto plazo. A menudo bromeamos diciendo que tenerlo en el campamento es como la película: «Como si fuera la primera vez». Es dulce y amigable. Si le preguntas cuándo nació y recuerda que tiene una identificación, la saca y revisa. No sale del campamento sin un compañero a su lado porque se pierde fácilmente. Siempre está dispuesto a acompañar a una de las mujeres en un día de diligencias para que no esté sola.

JD es una esquizofrénica paranoide que también sufre de un dolor ciático grave. Hay días en los que no puede caminar en lo absoluto. Ella depende de nosotros, su familia, para revisar su estado y darle comida. También debe ser vigilada para asegurarse de que no se confunda. Cuando está confundida, debe haber personas a su alrededor para mantenerla a salvo.

DA lucha contra la depresión y la adicción. Ha encontrado una familia que no lo juzga y ha estado con ella para ayudar a estabilizar su salud mental y ayudar a mantenerlo desintoxicado y sobrio. Es útil en el campamento y a menudo ofrece una sonrisa o un codazo amigable en el costado.

SR también tiene un trastorno bipolar esquizoafectivo. Llegó a nosotros esencialmente como un zombi. Había sido sobremedicada y en realidad tuvo una sobredosis debido a una mala receta médica. Terminamos llamándole una ambulancia, y estuvo hospitalizada durante dos semanas. Ahora ha regresado y está muy temerosa por su futuro. Fue bautizada el 25 de agosto junto con otros miembros de Hangtown Haven.

D tiene un diagnóstico de trastorno bipolar. Actualmente está separada de su familia mientras trabaja en su salud mental. Siempre está dispuesta a jugar a los dados con cualquiera que necesite compañía o distracción. Tiene una sonrisa contagiosa y siempre es una voz para quienes necesitan ayuda.

CH es una madre que está luchando por empezar de nuevo. Está desintoxicada y sobria, pero ha sido víctima de violencia doméstica. Ayuda a preparar comidas regularmente y hace las compras para aquellos que no pueden ir por sí solos. Se ha involucrado mucho como voluntaria en la Iglesia de la Comunidad de Green Valley y ha participado en varias clases de habilidades para la vida.

JC se acerca a los 180 días desintoxicado y sobrio. Si hace 190 días le hubieras pedido a alguien en Placerville que hiciera una lista de los borrachos del pueblo, el nombre de este caballero habría estado en lo alto de la misma. Ahora es voluntario en el Centro de Recursos Comunitarios. Es el payaso del campamento, siempre riendo y haciendo reír a quienes lo rodean. Es amable y también gracioso.

SM sufre de depresión grave. Llegó a nosotros después de estar en una casa de transición durante unos seis meses. Si le preguntas ahora, te dirá que es más feliz de lo que nunca ha sido. También te dirá que vivimos en un lugar milagroso, un lugar donde hay un hogar sin paredes, una familia sin conflictos y esperanza inagotable. Sonríe más de lo que frunce el ceño, se ríe más de lo que llora y da más de lo que recibe.

P fue dueña de un negocio durante 19 años. Lucha contra el trastorno de estrés postraumático y alergias graves que hacen que estar en espacios interiores sea incómodo. Tiene una actitud tranquila que hace que quienes la rodean quieran sentarse un poco más erguidos.

Miro a mi alrededor y pienso en quienes han venido y se han ido. Pienso en el milagro que es Hangtown Haven y los milagros que han ocurrido aquí. Rezo para que los milagros sigan abundando en Hangtown Haven, pero ahora debemos hablar de la realidad.

¿Por qué nos han dicho que para el 15 de noviembre debemos cerrar el campamento y dejar este lugar que llamamos nuestro refugio? Me pregunto qué esperan las personas en el poder que suceda. Debería ser obvio que si nos quitan nuestro hogar, el problema del sinhogarismo aumentará, no disminuirá. Los tomadores de decisiones están convirtiendo una solución en un problema. Los valientes hombres y mujeres que han luchado para llegar hasta aquí merecen algo mejor que ser desechados y olvidados. Han luchado increíblemente duro y aprecian cada muestra de apoyo que han recibido en el camino. Oramos para que todos los que nos han apoyado o quieren estar con nosotros se unan y nos ayuden a encontrar una respuesta. Cuatro semanas es poco tiempo para que ocurra un milagro que mantenga vivo nuestro hogar y a nuestra familia unida.

No hay una razón lógica que podamos encontrar que justifique el cierre de Hangtown Haven. ¿Será que hemos tenido tanto éxito sacando a los desamparados de la calle y ayudando a muchos a superar su adicción? Pero eso no tiene sentido. Si hubiéramos fracasado o empeorado la situación de las personas sin hogar, podría justificarse el cierre de nuestro campamento. Hay muchas cosas en la vida que aún no entiendo.

Un área común limpia y bien conservada

CAPÍTULO VEINTITRÉS

UNA FANTASÍA

Hangtown Haven era más que un lugar. Era una idea, un sueño y una fantasía. Era más que un refugio. Sí, era un lugar, pero más que eso, era la prueba viviente de que los seres humanos en la profundidad del desespero y en el punto más bajo de sus vidas pueden compartir lo que tienen con otros que están en la misma fase de la peor crisis de su vida.

En nuestra sociedad, la vida es principalmente un juego de ganadores y perdedores. Para que yo gane, tú tienes que perder. Haven era justamente lo contrario. El valor de cada persona dependía de la ayuda que esa persona le brindaba a alguien más. «Nadie está iluminado hasta que todos lo estén». Perdona la paráfrasis de la famosa cita de Buda, pero es cierta cuando las personas a tu alrededor no tienen otra opción porque no tienen hogar, ni auto, ni trabajo, ni autoestima, ni comida, ni perspectivas. Es cierta cuando cada residente se da cuenta de repente de que hay alguien sentado junto al fuego que necesita de tu ayuda, tu amor y tu aceptación. Tal vez solo un abrazo sea suficiente esta noche, pero sabes que esa persona no ha recibido muchos abrazos en su vida y dependerá de ti darle un abrazo y apoyo todos los días.

Haven tuvo éxito porque ninguna persona individual era más próspera que las demás. Es más que simplemente compartir bienes materiales. Los residentes tenían sus propias carpas, su área común donde compartían comidas y la vida, acceso a toda el agua que quisieran, toda la electricidad que necesitaban y toda la comida que podían comer. ¿Qué más podrían desear? Imagina a un grupo de personas que habían superado la adicción y luego se dieron la vuelta para ayudar a sus vecinos a superar la suya. «Nadie llega al cielo hasta que todos llegan».

Como se mencionó anteriormente, un día los residentes se enteraron de una familia pobre y hambrienta que estaba viviendo al final de la calle. Se unieron para reunir toda la comida que pudieron encontrar en el campamento, le pidieron prestado un auto a uno de los voluntarios y entregaron raciones de varios días a una familia en una necesidad aún mayor que la suya.

Cuando el padre se acercó a la puerta para ver quién había llamado al timbre, quedó asombrado al ver a varios hombres y mujeres sin hogar de Hangtown Haven ofreciéndoles a él y a su familia varias cajas de alimentos. Se le escuchó comentar mientras los residentes regresaban a su automóvil algo entre las líneas de: «Dios mío. Y pensar que esto proviene de personas sin hogar que casi no tienen nada propio».

Al comienzo de Haven, teníamos una joven particularmente atractiva como residente que recientemente se había quedado sin hogar. Nos contó que su arrendador le había exigido tener relaciones sexuales con él o la echaría de su apartamento. Ella se negó y se encontró en la calle. Un día, mientras estaba sentada alrededor de la fogata, un desconocido entró al campamento desde la calle. Inmediatamente se sintió atraído por nuestra linda residente y comenzó a coquetear con ella. No se dio cuenta de que nuestro boxeador residente estaba sentado cerca, observando el acontecimiento. El boxeador se levantó de inmediato, se puso frente al recién llegado de forma agresiva y apretó los puños. A pesar de ser bajo, era extremadamente musculoso. Le advirtió al intruso que su vida y bienestar estaban en peligro si no abandonaba el área de inmediato. Más importante aún, si volvía, su existencia sería terminada. Puso su nariz frente al rostro del desconocido y quedó claro que lo decía en serio. El desconocido se dio la vuelta y salió del campamento, y nunca más se le volvió a ver. La noticia se propagó rápidamente de que todas las mujeres estaban seguras en Hangtown Haven.

Los residentes no poseían nada en el campamento excepto el equipo personal que podían llevar en sus espaldas y guardar en sus carpas. El refugio estaba allí para que lo usaran cuando lo desearan, pero la comunidad, no los individuos, lo poseía. Grupos como este eran muy comunes en los tiempos de Cristo y durante la Edad Media. Incluso hoy en día, en otras partes del mundo, los monjes con túnicas naranjas salen al mundo todas las mañanas desde su residencia común para mendigar comida y mantenerse con vida, para poder adorar a Dios de la manera que desean.

El sistema operacional de Hangtown Haven no se estableció al principio. No estábamos seguros de qué sucedería cuando cuarenta residentes sin hogar se unieran para sobrevivir por sí mismos. Nuestra primera idea fue construir un refugio y luego preocuparnos por cómo debería funcionar más adelante. Tal vez si hubiéramos sabido más sobre la naturaleza humana, habría sido obvio. Pero su éxito inminente fue una gran sorpresa.

Un día, una joven tropezó en el campamento, desaliñada y magullada. No tenía pertenencias ni ropa aparte de lo que llevaba puesto. Becky la recibió en la entrada y la acogió. Había sido sacada de su hogar por su esposo y, no habiendo escuchado hablar de Hangtown Haven, se dirigió hacia las colinas sola para encontrar un lugar donde dormir.

Desafortunadamente, fue descubierta por un grupo de hombres y fue brutalmente violada en grupo la noche anterior. Alguien le habló de Hangtown Haven y llegó al campamento, golpeada, violada y con todas sus escasas pertenencias robadas. Entre lágrimas, le preguntó a Becky si sería bienvenida en Haven. Por supuesto, fue más que bienvenida, y todos en el campamento se unieron para asegurarle que estaría a salvo y podría vivir en una carpa propia con varios hombres fuertes que la protegerían durante todo el día y la noche. En pocas semanas, había avanzado significativamente y estaba en camino hacia la recuperación cuando la ciudad cerró Haven.

La gente es más inteligente de lo que a menudo creemos. Por supuesto, hay excepciones, pero la comunidad a menudo se encargará de estas excepciones. A veces están demasiado atrapados en la adicción como para ser rescatados, pero los residentes lo intentaron una y otra vez hasta perder

la esperanza. En ese momento, se le pedía al infractor que se fuera, pero se le decía que si quería intentarlo nuevamente, era bienvenido de regresar. A veces, a los más obstinados les llevaba varios intentos lograrlo. Y tomaba tiempo, la única cosa que, como terminó resultando, no teníamos en abundancia.

Mirar a Haven durante su apogeo era engañoso. Era simplemente un grupo de carpas y un área común, con personas correteando arriba y abajo por el camino. Muchos estaban barriendo sus tiendas, rastrillando el suelo, recogiendo basura o hablando con alguien necesitado sentado junto a la fogata. Nada inusual, ¿cierto? Sí, pero el corazón de Hangtown Haven estaba en las personas sin hogar que vivían allí. Su magia residía en su dedicación mutua, en la fantasía de que alguien se curara.

«No voy a avanzar hasta que todos en este campamento lo hagan», era una fantasía que parecía definir a los residentes de Hangtown Haven.

CAPÍTULO VEINTICUATRO

Noventa días y para fuera

Cuando estábamos negociando con el gobierno de la ciudad para construir Hangtown Haven o Upper Broadway en mayo de 2012, la vicealcaldesa me dijo en varias ocasiones que era un experimento que duraría solo noventa días y luego se cerraría. Entendí completamente mal y pensé que ella quería decir que si fracasaba, como la mayoría creía, se cerraría después de noventa días. Naturalmente, asumí que lo contrario también sería cierto, que si tenía éxito, se permitiría continuar más allá de los noventa días. Quiero ser honesto acerca de la vicealcaldesa. Ella nunca dijo eso realmente, simplemente asumo que eso era lo que quería decir.

En mi defensa, debo decir que no podía imaginar que la ciudad nos permitiría quedarnos en Upper Broadway solo durante noventa días si podíamos demostrar que nuestro refugio funcionaba. Invertimos más de $ 13.000 en donaciones, además del trabajo de los hermanos Reed durante una semana, solo para poner en funcionamiento el sitio. Si realmente hubiera entendido lo que ella quería decir, nunca habría gastado esa cantidad de dinero en la propiedad para una estadía tan corta. Pero ella dijo lo que dijo y el 15 de noviembre se acercaba rápidamente.

Cuando nos estábamos organizando para construir Hangtown Haven, busqué la ayuda de un viejo amigo mío, Jim Ellsworth, para obtener consejos y apoyo. Jim había sido el líder del Centro de Salud Comunitario del Condado de El Dorado y tenía mucha experiencia tratando con el poder político del condado. Cuando le dije a Jim que la vicealcaldesa inicialmente aprobó nuestro plan de construir un refugio para personas sin hogar en Broadway, me miró durante unos segundos y luego respondió: «Art, sabes que alguien ha cometido un terrible error y vas a pagarlo». Al principio no entendí lo que estaba diciendo, pero no tardé mucho en averiguarlo.

Las personas obviamente a cargo, el alcalde y el Concejo Municipal, aparentemente no dirigen nuestra comunidad. Solo puedo suponer que esto probablemente también sea cierto en otros condados del estado. Parece haber un grupo de personas influyentes en la comunidad que mueven los hilos y determinan quién es electo y quién no. Jim aparentemente me estaba diciendo que el grupo que realmente estaba a cargo de nuestra ciudad no aprueba un refugio para personas sin hogar y eventualmente lo aplastaría a través de nuestros funcionarios electos. Pronto descubriría que mi viejo amigo Jim tenía toda la razón.

El período de noventa días estaba a punto de terminar el 15 de noviembre de 2012. A medida que se acercaba la fecha, comencé a darme cuenta de que los líderes de la ciudad tenían la intención de cerrarnos y devolver a los residentes a la calle en pleno invierno. Nada de lo que dije parecía tener efecto. Así que, con solo un par de semanas por delante, le pedí a la vicealcaldesa que tuviera una reunión con nosotros en un último intento por cambiar su opinión. Amablemente, ella aceptó.

La reunión se llevó a cabo en el cuarto piso de las oficinas de la ciudad, y todos los líderes de la ciudad estaban allí, incluida la vicealcaldesa. Admito que hice todo lo posible y llevé a cuatro residentes sin hogar de Haven para que hablaran en la reunión. Comencé presentando a los cuatro y luego me callé para que ellos explicaran por qué era necesario permitir que Haven permaneciera abierto.

Larry Allum, el líder elegido de Haven, hizo una conclusión final y un apasionado ruego con lágrimas en los ojos. Cuando terminó, hubo silencio en el lugar mientras todos los empleados de la ciudad presentes se miraban entre sí. Finalmente, luciendo impresionada, la vicealcaldesa dijo: «Está bien. Les permitiremos quedarse un año y luego lo cerraremos». Sentí una gran alegría.

Hay quienes podrían decir que jugué sucio al llevar a tres hombres y una mujer que no tenían a dónde ir si teníamos que cerrar en medio del invierno.

Pero lo que dijeron era real, y la ciudad tuvo que enfrentar las consecuencias de sus acciones. Estaban cansados de escucharme suplicar, y estoy seguro de que no esperaban que cuatro personas sin hogar articuladas e inteligentes presentaran su caso de manera tan competente. La vicealcaldesa accedió a regañadientes, así que salimos con sonrisas en nuestros rostros y regresamos para decirles a los otros cuarenta residentes que podían quedarse otros doce meses. Todos celebramos esa noche.

El resultado más importante de nuestros primeros noventa días fue que la operación del refugio fue inesperadamente exitosa. Todos los empleados y administradores de la ciudad admitieron que teníamos la fórmula correcta para administrar un refugio para personas sin hogar. La vicealcaldesa me había dicho desde el principio que Haven sería solo un experimento. «¿Un experimento de qué?», pregunté. Nadie tenía una respuesta. Mi experiencia con los experimentos es que, si tienen éxito, los mantienes o los expandes. Nunca fui entrenado en política ciudadana y no podía creer que ser un rotundo éxito significara que nos cerrarían. Poco sabía yo.

Organizando el campamento

CAPÍTULO VEINTICINCO

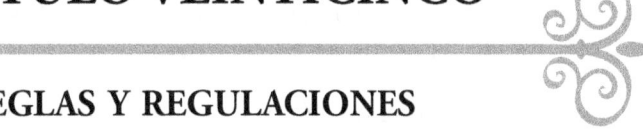

REGLAS Y REGULACIONES

Todos los residentes de Hangtown Haven debían aceptar las siguientes reglas: Hangtown Haven, Inc.

Para garantizar un lugar para vivir seguro y justo mientras transiciono hacia algo mejor, acepto cumplir con lo siguiente:

- No se permiten recipientes abiertos de alcohol o drogas ni la intoxicación al aire libre o en público mientras se esté en Hangtown Haven. Si se le encuentra bajo la influencia de las drogas o el alcohol, deberá abandonar el campamento.

- TOLERANCIA CERO CON LOS ROBOS. Si te atrapan haciéndolo, deberás abandonar inmediatamente el campamento.

- No se permiten las peleas que causen lesiones a uno mismo o a los demás

- Solo se permite hacer fuego y fumar en las zonas designadas.

- Todos son responsables de recoger la basura y mantener limpia el área. Si tu tarea es reasignada debido a que no la has mantenido, recibirás una amonestación. Si recibes una segunda amonestación se te pedirá que te marches durante 24 horas. Una tercera amonestación dará lugar a una nueva evaluación sobre tu derecho de formar parte del campamento. No firmar una amonestación resultará en un aviso de 24 horas para que abandones las instalaciones. La hora de silencio comienza al anochecer y termina a las 8:00 de la mañana. Si se producen ruidos excesivos después de la hora de silencio, se amonestará a los implicados

- Prohibido estacionar durante la noche. Prohibido merodear en los automóviles en la entrada.

- No se permite dejar objetos personales en el área común. Los objetos dejados en el área después de la hora de acostarse serán desechados. Está prohibido liar cigarrillos en la mesa de picnic.

- No se permiten niños en Hangtown Haven. Los acosadores sexuales registrados no están permitidos en el campamento. Se permiten huéspedes que pernocten dos veces por semana, pero no en días consecutivos.

- En Hangtown Haven no se admiten animales de compañía pertenecientes a huéspedes y visitantes.

- Los residentes tienen permitido tener perros de servicio.

- Todas las tiendas y sacos de dormir del campamento son propiedad de Hangtown Haven. Inc.

- Si los huéspedes han estado allí más de 3 días sin notificar al Consejo de la Comunidad de Hangtown Haven, se publicará un aviso de desalojo.

- Si la policía está en Hangtown Haven debido a disturbios conductuales o una orden de detención por tus acciones, serás expulsado permanentemente del campamento.

- El Consejo Comunitario de Hangtown Haven se reserva el derecho de expulsar permanentemente a un huésped de la propiedad en cualquier momento y por cualquier motivo.

Entiendo que soy un huésped de Hangtown Haven y que cualquier violación de las normas anteriores podría dar lugar a un desalojo inmediato de acuerdo la Sección 799.22 del Código Civil.

Nombre: Fecha:

Todos nuestros visitantes comentaron que el campamento estaba impecablemente limpio. ¿Cómo podríamos mantenerlo así? Sin embargo, a medida que avanzábamos hacia el año nuevo, la ciudad solicitó que asignáramos a un voluntario para estar de guardia en todo momento durante el día. Aceptamos y nos esforzamos por reunir a tantos voluntarios como fuera posible, y pusimos a Don Rake a cargo como coordinador de voluntarios. Él programó sus horarios en el lugar y los instruyó sobre sus tareas.

Una de las voluntarias, Janis, llegó al refugio un día y miró la carpa que había preparado para su uso. Me miró y comentó: «Art, ¿de verdad nos vas a hacer quedarnos en esta carpa todo el día?»

«No, por supuesto que no», respondí mientras entraba a mi auto y conducía hasta Home Depot, donde compré una edificación de metal de unos diez por diez y la llevé de vuelta al sitio. «Bien, chicos. Aquí tienen su nuevo centro de oficinas. Avísenme cuando esté armado y les conseguiré un par de escritorios, sillas y una estufa». Cuando estuvo listo, le pedí a nuestro voluntario electricista que lo conectara a la fuente de energía para que estuviera completamente funcional. Inicialmente proporcionamos energía a través de un cable de extensión, pero sabía que no me saldría con la mía. A petición del inspector de incendios, lo cableamos de acuerdo con el código. Ahora teníamos un lugar cálido y cómodo para que nuestros voluntarios se congregaran cada día.

Izando las banderas cada mañana

CAPÍTULO VEINTISÉIS

REALIDAD

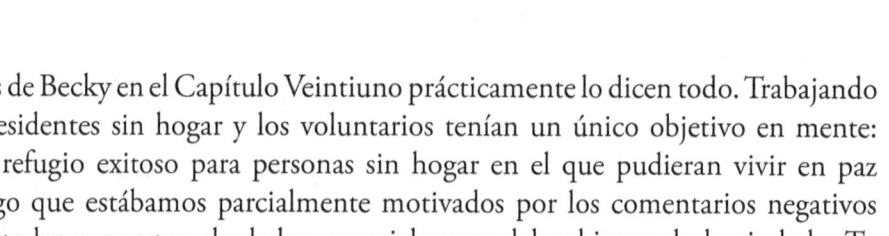

Las reflexiones de Becky en el Capítulo Veintiuno prácticamente lo dicen todo. Trabajando juntos, los residentes sin hogar y los voluntarios tenían un único objetivo en mente: crear y manejar un refugio exitoso para personas sin hogar en el que pudieran vivir en paz y seguridad. Supongo que estábamos parcialmente motivados por los comentarios negativos que escuchamos de todos a nuestro alrededor, especialmente del gobierno de la ciudad. «Tu modelo no puede funcionar. Las personas sin hogar no vivirán juntas pacíficamente para crear un modelo operacional exitoso».

No todo era tan sencillo. Podríamos haber estado igual de equivocados. Fue una apuesta tremenda y, si hubiéramos perdido, la ciudad y el condado probablemente habrían dicho: «Ahí lo ven, se los dije. Nunca podremos construir un refugio para personas sin hogar porque los residentes ni siquiera pueden llevarse bien entre ellos».

Estoy convencido (opinión personal) de que esta es la razón por la que el concejo municipal, bajo la dirección de la vicealcaldesa (luego alcaldesa), autorizó la construcción de Hangtown Haven. «Era un experimento», dijo. Era un experimento que creo que la mayoría de las personas en nuestra comunidad apostaron que fracasaría, lo que nos haría desaparecer y no volver a molestarlos. Apostaron al fracaso y se encontraron con el éxito. Ahora se enfrentaban a una crisis.

Razones por las que Hangtown Haven debe cerrarse, dadas por la ciudad

1.) Si se quedan por más tiempo, tendrán que realizar una solicitud ante la CEQA y conseguir la aprobación de la ciudad. Nunca podrán aprobar la CEQA.

A menudo, a las personas que no quieren que estén cerca les lanzan la amenaza de la CEQA, la Ley de Calidad Ambiental de California, una ley estatal que exige que no contaminen el medio ambiente. Escuché esa amenaza muchas veces durante nuestra estancia en Upper Broadway y 132 | La travesía a Hangtown Haven finalmente la confronté con la alcaldesa. Ella no ofreció detalles específicos, pero sugirió que hablara con el nuevo director de desarrollo comunitario de la ciudad, Pierre Rivas. Dijo que él es un experto en la CEQA y podría responder todas mis preguntas, así que lo llamé y fui a hablar con él. Él y yo éramos amigos y nos conocíamos de sus días trabajando en el condado. Lo siguiente es esencialmente su respuesta a la amenaza de que Haven tuviera que «hacer» una CEQA, según recuerdo.

Pierre había pasado algo de tiempo en la propiedad de Hangtown Haven y la conocía muy bien. Dijo que no tendríamos problemas para conseguir la aprobación de la CEQA, ya que en realidad estábamos reduciendo las amenazas al medio ambiente al sacar a las personas sin hogar de la ladera de la colina y reunirlas en un solo refugio. Se rio y dijo que, de hecho, estaría dispuesto a redactar el informe de la CEQA por nosotros y luego aprobarlo en nombre de la ciudad. Dijo que «no era un problema».

Así que eso fue todo respecto a la amenaza de la CEQA. Siempre he disfrutado de trabajar con Pierre. Es extremadamente competente, siempre es brutalmente honesto y no juega a la política. A menudo me he preguntado cómo se las apaña en un trabajo gubernamental.

2.) La existencia de Hangtown Haven estaba atrayendo a personas sin hogar de los condados circundantes a Placerville.

Específicamente les dijimos a todos nuestros entrevistadores, las estaciones de radio y los periódicos que el CRC, nuestra agencia coordinadora, solo aceptaría a personas sin hogar que pudieran demostrar que eran residentes de Placerville cuando se quedaron sin hogar. Sí, probablemente algunos de otros condados pensaron que podrían colarse en el campamento, pero solo unos pocos lo hicieron. Aquellos que no eran residentes se dieron la vuelta y regresaron a Sacramento o Auburn o de donde sea que vinieran cuando se dieron cuenta de que no tenían un hogar en Placerville.

Este tema se convirtió en un escándalo cuando el nuevo jefe de policía comenzó a decirle al concejo que los encuentros con personas sin hogar aumentaron debido a estos desamparados de otras ciudades. Creo que este fue un caso de decirles a los líderes de la ciudad lo que querían escuchar. Los jefes mantienen sus trabajos durante más tiempo de esa manera.

De particular interés aquí se encuentra el Refugio Rotativo patrocinado por iglesias. El concejo municipal promocionó el Refugio Rotativo como una alternativa a Hangtown Haven, un lugar para que las personas sin hogar pasaran la noche en diferentes iglesias. Tengo el mayor respeto por el Refugio Rotativo, pero no verifican la ciudad de origen de cada persona desamparada. En consecuencia, nuestros desamparados nos dicen que al menos el noventa por ciento de las personas sin hogar que usan el Refugio Rotativo en realidad vienen de Sacramento. No puedo confirmar sus números, pero muchos desamparados de Sacramento se apresuran a venir al condado de El Dorado a principios de noviembre de cada año para dormir en las diversas iglesias del sistema de Refugio Rotativo. A la ciudad parece no importarle que haya más personas desamparadas de las que había cuando Haven estaba abierto. La ciudad ya había tomado su decisión, y eso es todo.

3.) La caminería entre HTHI y la Upper Room está peligrosamente deteriorada, es estrecha y no es segura para que las personas sin hogar transiten, además de que sería muy costoso repararla. La ubicación de Hangtown Haven no es apropiada para un refugio para personas desamparadas.

Durante la reunión del concejo que cerró Hangtown Haven, una persona que vive en la ciudad se levantó y habló con los miembros. Dijo que había vivido en Placerville toda su vida, caminaba a la escuela primaria por esa caminería y era tan peligrosa hace cincuenta años como lo es hoy. «¿Por qué no se ha arreglado en cincuenta años?», preguntó. Nadie del concejo respondió a su pregunta.

Sí, la caminería a lo largo de Upper Broadway es peligrosa y lo ha sido durante más de cincuenta años. Su peligro no tiene nada que ver con tener un refugio para personas sin hogar cerca. Por supuesto, la ciudad teme ser demandada si alguien es impactado mientras camina por el sendero. Eso es comprensible.

Hoy en día, hay personas transitando por esa caminería, y si un automóvil atropella a alguien, la ciudad será demandada. Si yo fuera abogado, estaría encantado de ser el defensor del demandante. La ciudad está expuesta a grandes indemnizaciones ahora, y todavía hay personas sin hogar que caminan desde su campamento en el bosque hasta la Upper Room. Culpar al peligro de esa caminería a Hangtown Haven fue un argumento falso.

En cuanto a la ubicación, permítanme citar las páginas P-32 y P-33 del Elemento de Vivienda de Placerville preparado por la Comisión de Planificación y aprobado por el Concejo Municipal:

La recientemente promulgada Ley del Senado 2 (Capítulo 63, Estatutos de 2007) modificó la Ley de Elementos de la Vivienda para garantizar que las regulaciones locales de zonificación faciliten los refugios de emergencia y limiten la denegación de refugios de emergencia y viviendas de transición de acuerdo a la Ley de Responsabilidad de la Vivienda. En general, la Ley del Elemento de la Vivienda SB2 con respecto a las aprobaciones de uso de suelo/zonificación es la siguiente:

- Se identificará al menos una zona para permitir refugios de emergencia sin un permiso de uso condicional u otra acción discrecional.

La sección del código de la Zona HWC (Carretera Comercial) de Placerville se modificará para incluir refugios de emergencia como uso permitido, sujeto a estándares de desarrollo apropiados de acuerdo a lo permitido por la Ley SB 2. La Zona HWC se identificó como la zona adecuada para permitir refugios de emergencia debido a la proximidad a los servicios y una cantidad suficiente de terrenos vacantes dentro del área. La Zona HWC de Placerville abarca aproximadamente 290 acres, de los cuales 90 acres están vacantes y tienen la capacidad para satisfacer las necesidades de refugio de emergencia de 15 personas. Los tamaños de las parcelas varían desde 1 acre hasta más de diez acres. Es importante destacar que un sitio ubicado en 1700 Broadway (Número de Parcela del Asesor 049:170:031), al oeste de Airport Road, se encuentra en una Zona HWC (Carretera Comercial), adecuada de manera única para refugios de emergencia debido a la proximidad a servicios relacionados, en un área de aproximadamente 6 acres y con mínimas restricciones físicas o ambientales. Los sitios zonificados como HWC generalmente están ubicados a lo largo de rutas de transporte, cerca de servicios comerciales. La Zona HWC permite una amplia variedad de usos compatibles con refugios de emergencia, incluidos usos minoristas y usos orientados a la carretera, como hoteles, restaurantes y diversos servicios gubernamentales. Además, existen restricciones ambientales conocidas u otras condiciones dentro de la Zona IHWC que podrían hacerla inadecuada para usos de refugio de emergencia.

Cabe señalar el comentario de que «un sitio ubicado en 1700 Broadway es adecuado de manera única para refugios de emergencia (para personas sin hogar)». Este es el mismo sitio que la vicealcaldesa sugirió y el Concejo Municipal aprobó como ubicación para Hangtown Haven. La ubicación no fue mi idea, ya que no había leído el Elemento de la Vivienda de la ciudad y desconocía por completo la propiedad. En resumen, después de sugerir el sitio para un refugio para personas sin hogar según aparecía en el documento de la ciudad, el Concejo cambió de opinión y dijo que no era una ubicación adecuada. Uno se pregunta quién los influenció.

4.) El Permiso de Uso Especial temporal debe ser reaprobado antes de que Hangtown Haven pueda continuar.

Un residente local se levantó frente al Concejo y dijo que su propiedad tenía un Permiso de Uso Especial temporal a lo largo de Broadway y que cada año el concejo lo renovaba automáticamente. Lo mismo podría hacerse con el nuestro si el concejo así lo deseaba. El abogado de la ciudad testificó que no había ningún requisito particular para finalizar el SUP y que el concejo podía hacer lo que quisiera. Nadie en el concejo le hizo seguimiento a eso.

Durante la reunión en la que el concejo cerró Hangtown Haven, ocurrieron dos cosas especialmente condenables. La primera fue que la alcaldesa, quien antes me apoyaba, me interrumpió durante mi presentación y me dijo que me sentara porque no querían escucharme más. La noche no incluyó la libertad de expresión, excepto para aquellos que querían cerrar el refugio para desamparados más exitoso del estado.

El segundo acontecimiento ocurrió cuando un ciudadano se levantó y dijo que sabía que el Concejo ya había tomado una decisión, y que no tenía sentido seguir presentando argumentos.

La vicealcaldesa tomó la palabra y, con gran indignación, dijo que se sentía insultada por las implicaciones del argumento del hombre. Afirmó que los miembros del concejo escucharían los argumentos de todos y luego tomarían una decisión.

Después de que se escucharon los argumentos a favor y en contra de todos, los miembros del concejo presentaron sus propias opiniones y luego votaron unánimemente para cerrarnos. Todos notaron que todos los miembros del Concejo, incluyendo la vicealcaldesa, leyeron sus opiniones resumidas en hojas de papel preescritas y mecanografiadas. Y dicen que estaban escuchando los argumentos. Ya habían tomado una decisión cuando entraron a la sala esa noche.

El área común

CAPÍTULO VEINTISIETE

CIERRE EN NOVIEMBRE

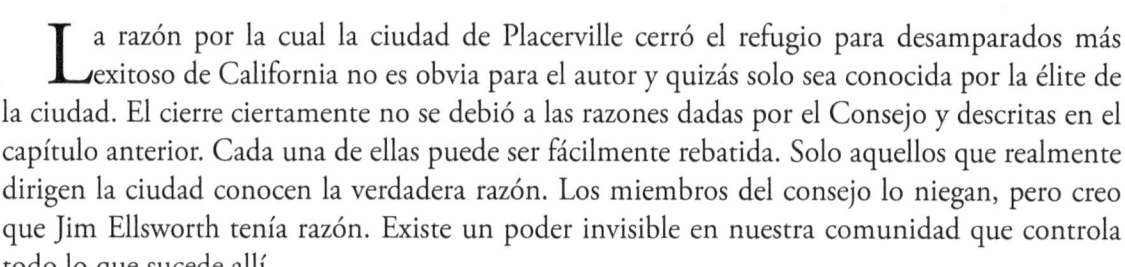

La razón por la cual la ciudad de Placerville cerró el refugio para desamparados más exitoso de California no es obvia para el autor y quizás solo sea conocida por la élite de la ciudad. El cierre ciertamente no se debió a las razones dadas por el Consejo y descritas en el capítulo anterior. Cada una de ellas puede ser fácilmente rebatida. Solo aquellos que realmente dirigen la ciudad conocen la verdadera razón. Los miembros del consejo lo niegan, pero creo que Jim Ellsworth tenía razón. Existe un poder invisible en nuestra comunidad que controla todo lo que sucede allí.

Proporcionar vivienda y proteger a los cuarenta o más residentes desamparados no le costó nada a los contribuyentes. Nunca nos dieron dinero para este hogar. El refugio ahorró dinero en trabajo policial, libertad condicional y salud mental, especialmente en el Hospital Marshall, donde pudimos reducir significativamente el uso de su sala de emergencias. Pero nuestra existencia debe haber molestado o amenazado financieramente a alguien en el poder.

La razón por la que siento esto se confirma por la sección del Concejo Municipal dirigida por la alcaldesa. Aceptaron construir Hangtown Haven y luego dieron marcha atrás y lideraron el esfuerzo para cerrarlo y obligar a los residentes a vivir nuevamente en las calles. Pero, ¿qué motivo podría haber para este cambio de eventos? Podría haber tenido su origen en el afán del lucro que parece existir en casi todos los empresarios. Hay rumores sonando en nuestra comunidad de que algunas personas influyentes tienen grandes planes para desarrollar el área de Upper Broadway con moteles, tiendas y restaurantes. Esto significa que estos líderes de la ciudad tienen un control ilimitado sobre los miembros del Consejo, y los miembros del Consejo no están dispuestos a admitir la verdad. No sé cómo trabajan los líderes de poder: «¡Cierren este refugio para desamparados o no financiaré su campaña de reelección!», solo puedo suponer.

Leemos todos los días que un condado vecino está construyendo o manejando un refugio para personas sin hogar basado en nuestra experiencia. En un momento, el condado de El Dorado estaba a la vanguardia en refugios para la comunidad de personas sin hogar. Ahora ni siquiera estamos en la competencia.

La votación para cerrar Hangtown Haven fue unánime entre los cinco miembros del consejo.

Wendy Thomas	Alcaldesa
Carl Hagen	Vicealcalde
Patti Borelli	Miembro del consejo
Carol Patton	Miembro del consejo
Trisha Wilkins	Miembro del consejo

EL SINHOGARISMO EN EL CONDADO DE EL DORADO

Los beneficios de Hangtown Haven.
Por: Art Edwards

¿Quién se ha beneficiado del cierre de Hangtown Haven?

<u>Cuando Haven estaba abierto</u>

1. Los cerca de cuarenta desamparados vivían en una comunidad y todos se apoyaban mutuamente en sus adicciones al alcohol y las drogas. Aproximadamente el 40 % de los desamparados son adictos a algo. Se alentaron a todos a desintoxicarse.

2. Los residentes ondeaban la bandera del campamento todos los días demostrando orgullo por la comunidad y el país. El campamento proporcionaba un lugar seguro para guardar su ropa y otras pertenencias.

3. Era un entorno de vida seguro, limpio y seco, con aseo, electricidad y acceso a duchas.

4. El CRC no permitía que vivieran allí residentes provenientes de fuera de la ciudad.

5. Era un lugar de fácil acceso para los agentes de libertad condicional, la policía y el personal del departamento de bienestar social.

6. El lugar era relativamente cálido y seco en invierno y fresco en verano.

7. Era fácil llevar a la gente a las citas con el médico.

8. Estaba situado en una ruta de autobús del condado, cerca del CRC y de Upper Room.

9. No se le permitía mendigar a ningún residente.

10. Los residentes desarrollaron excelentes relaciones con la policía, muchos venían a las reuniones, se sentaban con los residentes y los visitaban.

11. Redujo los costos de la atención de emergencia del Hospital Marshall porque HTHI llevaba a los residentes a médicos de cabecera.

12. Las reuniones regulares con AA, grupos de ayuda para la adicción a las drogas y para problemas médicos y mentales del condado se llevaron a cabo en el sitio.

13. Los residentes se sentían responsables del comportamiento de los demás.

14. Las mujeres se sentían seguras viviendo en el refugio.

15. Se redujeron en gran medida los riesgos de incendios forestales.

16. Ningún residente utilizó la propiedad privada como inodoro porque tenían sus propios inodoros portátiles.

17. Placerville era famosa en todo Estados Unidos por su refugio para personas sin hogar, y se escribieron artículos sobre HTH en Los Angeles Times, Mountain Democrat y Sacramento Bee.

18. Proporcionaba un lugar para que los desamparados estuvieran durante el día sin vagar por las calles de Placerville.

19. Los negocios locales se beneficiaron de las compras de los residentes. Los residentes gastaban dinero localmente.

20. Disponían de agua de pozo fresca y filtrada todos los días.

21. Era un lugar único donde los voluntarios podían llevar el almuerzo y la ropa.

22. Sacaba a los veteranos sin hogar de las calles.

23. Los residentes no permitían la estancia de los infractores de la Ley Megan.

24. El jefe de policía nos dijo que su historial de arrestos se redujo en cuanto se abrió Haven

25. El consumo y distribución de drogas no estaban permitidos y eran causa de expulsión.

26. El refugio no le costó nada al contribuyente. Se financiaba íntegramente con donaciones privadas.

Desde que Hangtown Haven fue cerrado

1. El Refugio Rotativo acoge a la mayoría de los residentes de HTH entre noviembre y abril, pero muchos duermen en el bosque o en propiedades personales.

2. El Refugio Rotativo tiene dificultades para ofrecer alojamiento las siete noches de la semana.

3. Se necesitan subvenciones y donaciones para financiar el transporte.

4. No hay ningún lugar de reunión diurno, por lo que los desamparados vagan por las calles y buscan lugares donde resguardarse de la lluvia, principalmente porque la ciudad ha restringido el uso de cualquier edificación dentro de sus límites como lugar de reunión diurno para los desamparados.

5. La mayoría de los residentes de HTH que estaban en vías de recuperación de la adicción han regresado a su anterior patrón de consumo de drogas y alcohol desde que cerró HTH.

6. Se ha informado que los incidentes en las salas de urgencias de los hospitales Marshall se han disparado desde el cierre de HTH. Esto le cuesta al hospital y al público cientos de miles de dólares.

7. La amenaza de incendios forestales procedentes de campamentos individuales de personas sin hogar ha aumentado drásticamente.

8. La policía dedica gran parte de su tiempo a sacar a los desamparados de sus campamentos en el bosque, destruyendo lo que había sido una gran relación con los desamparados.

9. Los desamparados suelen regresar a los pocos días. La mendicidad se ha convertido en un problema en el condado de El Dorado.

10. No hay ningún lugar legal en la comunidad para que los desamparados duerman durante el verano.

11. Más del 90 % de los residentes del Refugio Rotativo son de Sacramento.

¿Quién se ha beneficiado del cierre de Hangtown Haven?

¡NADIE!

**Sumario de residentes de Hangtown
Haven de julio de 2012 a noviembre
de 2013**

Número total de residentes	62
Se fueron:	
A conseguir un empleo	5
A conseguir vivienda	20
A rehabilitación	3
Por expulsión	22
Otro	12
Máximo diario	Aprox. 40

**La bandera de batalla de
Hangtown Haven ondeaba todos los
días a la entrada del campamento**

CAPÍTULO VEINTIOCHO

CARTA DE CHRIS

Me va bastante bien, gracias. No ha sido fácil desde que Hangtown Haven cerró el pasado noviembre. Ahora estoy caliente, resguardado y como tres veces al día, aunque las raciones son pequeñas, pero no me muero de hambre como antes. Tengo un bonito par de botas nuevas del CRC y me ducho cada dos días. Me dieron una Biblia, así que la vida y Dios son buenos para mí ahora.

Recuerdo la primera vez que los conocí a todos en Hangtown Haven, cuando acababa de salir de la cárcel con mis pantalones cortos y sandalias, caminando por la nieve. Ustedes me salvaron la vida y son mis ángeles de la guarda

Extraño mucho nuestro campamento en Hangtown Haven. Aunque vivíamos en carpas, era como estar en una familia amorosa. Era nuestra comunidad. Recuerdo despertarme, afeitarme y correr hacia la parada para tomar el próximo autobús a la universidad.

Me estaba yendo bastante bien hasta que el campamento cerró en noviembre y todos fuimos desalojados por la policía. Cuando intenté vivir solo en el bosque, mi adicción a las drogas regresó, pero no había nadie cerca para ayudarme a mantenerme desintoxicado. Robé algunas cosas de una tienda y caí en el ciclo del consumo de drogas. En el campamento hacíamos todo lo posible por mantenernos alejados de las drogas, aunque no era fácil. Cuando cerraron Haven, tuvimos que armar nuestras carpas solos en algún lugar del bosque. No fue fácil volver a vivir en las calles. Algunos desamparados consumían metanfetaminas, otros solo alcohol, algunos solo marihuana, pero todos volvieron a ser víctimas cuando regresaron a la vida en la calle. En otras palabras, todos tenían que elegir alguna sustancia, y cuando eres desamparado, sin electricidad ni calefacción, un trago de alcohol te permite dormir con un poco de calor.

Realmente extraño a todos en Hangtown Haven. Estaba cerca de lograrlo esta vez y espero lograrlo la próxima, si hay alguna próxima vez. La universidad significaba mucho para mí porque descubrí que soy mucho más capaz de lo que pensaba. Estudiaba y me resultaba bastante fácil. Solía fumar mucha marihuana cuando me gradué de la escuela secundaria en Novato en 1996. También fui el jugador estrella de baloncesto, solo hacía la tarea una vez a la semana y fumaba marihuana todos los días, y finalmente me gradué con un promedio de 2.5. Descubrí en Hangtown Haven que la universidad es divertida, y aprender también lo es, especialmente cuando dejas de fumar.

¡Feliz Día de Acción de Gracias a todos!

La carta de Chris y las reflexiones de Becky enfatizan el aspecto más importante de Haven. ¡Todos se apoyaban mutuamente! Cualquier refugio para personas sin hogar exitoso debe tener ese componente, el aliento que solo puede venir de los residentes necesitados que se apoyan los unos a los otros. Las viviendas individuales con seis personas no lo tienen, los refugios rotativos no lo tienen y las personas sin hogar individuales que duermen en la acera tampoco lo tienen. Solo los grupos que viven juntos bajo el mismo techo o en carpas adyacentes o en pequeñas cabañas con un área común cercana, proporcionan la interacción que le brindan a los residentes el apoyo que necesitan para tener éxito, especialmente para superar la adicción. Esta es la importante lección que aprendimos.

Han pasado casi tres años desde que Hangtown Haven fue cerrado por la ciudad y algunos de los residentes dispersos aún se mantienen en contacto con nosotros y entre ellos. Algunos ahora viven en hogares, tienen empleos y conducen autos. Me han expresado cuánto extrañan Hangtown Haven y la amistad y camaradería que se desarrolló allí. Incluso los que han tenido éxito me dicen que extrañan a su «familia».

El voluntario

Un poema

Por *Larry Allum*

Hangtown Haven, residentes/voluntarios y presidente del Consejo
No lo hacemos por fama o fortuna,
aquella emocionante sensación de éxito que se siente en el logro.
Nadie conoce esa sensación, ¿cómo se puede empezar a describirla?
Los caminos no están pavimentados, la jungla está inexplorada,
Pero damos la bienvenida al desafío con el corazón abierto.
Las preocupaciones, el estrés, incluso las dudas,
¡algunas veces, incluso un tiro por la culata! Pero lo hacemos porque nos importa.
Las horas pasan, el tiempo avanza,

pero no nos detendremos solo porque son "de clase baja".

Discutiremos y pelearemos, todo por lo que es correcto,

para ayudarlos y así no duerman en la calle esta noche.

Las horas son largas, la gente es ruda,

pero nunca diremos: "eso es suficiente".

Por aquellos agradecidos a quienes ayudamos, los demás sienten odio,

pero quizás algún día cambien de opinión.

Para aquellos que odian, nunca es demasiado tarde.

Cruza la puerta como si estuviera abierta.

Nunca te dirán que debes esperar.

Puede haber mucho en tu plato, pero nunca es demasiado tarde,

solo necesitamos que cruces esa PUERTA.

Larry Allum,
Presidente del Consejo y ex marinero

CAPÍTULO VEINTINUEVE

DE VUELTA AL CONDADO

Durante el verano de 2013, Wendy Thomas, Cari Hagen y yo preparamos una presentación para la Junta de Supervisores del Condado de El Dorado en la que Hangtown Haven, Inc. ofreció construir y manejar un refugio para personas sin hogar en un terreno propiedad del condado. El nuevo refugio no le costaría nada al condado ni a los contribuyentes, ya que todo sería financiado por donaciones, al igual que Hangtown Haven en Upper Broadway. La propiedad en cuestión estaba ubicada en Perks Court, cerca de Missouri Flat Road. El terreno se encontraba en el condado y no dentro de los límites de la ciudad. La alcaldesa y la vicealcaldesa sabían que el refugio en Broadway cerraría en noviembre y esperaban que el condado permitiera construir un nuevo refugio en el condado, evitando la jurisdicción de la ciudad.

Compuse una carta para la Junta de Supervisores que se adjunta a continuación. Mi carta fue discutida en la siguiente reunión de la junta, pero no se me dio una respuesta en ese momento y mi carta no ha sido respondida desde entonces.

Junta de Supervisores del condado de El Dorado
17 de agosto de 2013
Placerville, CA 95667

Miembros de la Junta de Supervisores del condado de El Dorado

Como probablemente saben, Hangtown Haven Inc. es una corporación local sin fines de lucro que construyó y maneja un refugio en Upper Broadway para los hombres y mujeres sin hogar de Placerville. El refugio ha demostrado ser un campamento exitoso, limpio, pacífico y bien organizado para aquellos que, de lo contrario, acamparían ilegalmente en los bosques, edificaciones y negocios alrededor de la ciudad. Desafortunadamente, el Permiso de Uso

Especial temporal de HTH expira en noviembre de este año, por lo que debemos encontrar otra ubicación en la que las personas sin hogar puedan vivir legalmente.

Los miembros de la junta de HTHI han estado buscando en toda la ciudad y el condado un nuevo lugar para establecer un refugio y han encontrado un excelente terreno que no está siendo usado. Este terreno es propiedad del condado y está ubicado en Perks Court, junto a la propiedad del condado que actualmente está siendo arrendada a United Outreach. El número de lote es 32713019, está zonificado comercialmente y está junto a la autopista

Hangtown Haven Inc. solicita respetuosamente que la Junta de Supervisores le alquile la propiedad por un período de cinco años a un costo de un dólar al año, para que podamos construir y manejar un refugio para personas sin hogar, como lo hemos hecho en Placerville durante más de un año. Hemos tenido éxito recaudando fondos y financiaremos todo el trabajo de construcción y los gastos operativos con donaciones y subvenciones de individuos privados, organizaciones religiosas y otras organizaciones sin fines de lucro. No se le pedirá al condado ningún financiamiento, solo el uso de esta propiedad como refugio para las personas sin hogar. A continuación, presentamos nuestros planes para la propiedad:

1. Se construirá una atractiva cerca de madera de seis pies de altura, y se plantarán árboles altos de rápido crecimiento a lo largo del lado norte de la propiedad para aislarla visualmente de los viajeros en la autopista, el campamento junto a la autopista y los edificios en el centro comercial al otro lado de la autopista. Actualmente existe una cerca a lo largo de la línea de propiedad suroeste, y una zanja y un terraplén empinado separan la propiedad de United Outreach a lo largo del lado este. La nueva cerca propuesta aislará el refugio de las personas que pasan caminando y le brindará a los residentes una sensación de seguridad y privacidad. Además, se construirá una cerca de acero entre la propiedad de United Outreach y nuestra propiedad.

2. Inicialmente, los desamparados dormirán en carpas como lo hacen ahora, pero las carpas eventualmente serán reemplazadas por edificaciones pequeñas en las que una o dos personas puedan vivir cómodamente. Estas edificaciones de 8'x12' reemplazarán las carpas a medida que haya fondos disponibles. Estas edificaciones pequeñas no tendrán agua ni electricidad y serán diseñadas y construidas por un constructor local. Marc Murray tiene veinte años de experiencia en construcción y ha construido estructuras de calidad en el condado de El Dorado. Las edificaciones pequeñas estarán sobre bloques de concreto, son portátiles y se pueden mover en cualquier momento.

3. La ocupación de estas edificaciones pequeñas se dará solo a las personas sin hogar que tengan un empleo a tiempo parcial o superior, o a los huéspedes que estén inscritos

a tiempo completo en la universidad. Si un huésped tiene un trabajo y vive en una edificación pequeña, se le pedirá que pague un alquiler de hasta $ 300 al mes. Cuando suficientes de estas edificaciones pequeñas estén ocupadas, Hangtown Haven West será financieramente autosuficiente.

4. Se proporcionará agua al área común desde una línea de suministro y una caja de medidores existente en la propiedad.

5. La energía eléctrica se tomará de un transformador existente de PG&E.

6. Se construirá una estructura de 20 pies por 32 pies sobre una losa de concreto existente de 20 pies por 30 pies para proporcionar un área común donde las personas sin hogar puedan reunirse para obtener calor y protección contra los elementos. Estará climatizada, iluminada, y tendrá acceso a televisión, escritorios y computadoras para buscar empleo.

7. Se construirá un cobertizo abierto de 32 pies por 12 pies junto a la edificación común para permitir que las personas sin hogar se reúnan afuera si lo prefieren.

8. Se nivelará ligeramente la propiedad y se limpiará de maleza y roble venenoso. No se eliminarán árboles de más de cuatro pulgadas de diámetro.

9. Las luces de inundación activadas por movimiento proporcionarán visibilidad nocturna. Se dirigirán lejos de la autopista y la rampa de entrada, para que la luz no afecte a los autos.

10. Se proporcionarán baños portátiles y un contenedor de basura. Uno de los baños será accesible para personas discapacitadas, lo que hará que toda la instalación sea accesible para personas con discapacidad.

11. Toda la energía, excepto la iluminación de inundación y determinados enchufes eléctricos, se apagará automáticamente a las 10:00 PM, y se aplicará un horario de silencio.

El campamento se mantendrá limpio y organizado, y los huéspedes mantendrán el orden y la disciplina supervisados por su propio Consejo y monitoreados por voluntarios de HTH, como se ha hecho con éxito en la ubicación de Placerville. No se tolerará la embriaguez ni el uso de drogas, y los residentes serán evaluados para la residencia cada seis meses si no han encontrado un trabajo o no se han inscrito en clases universitarias. Solo las personas sin hogar que puedan demostrar que han vivido en el condado de El Dorado podrán quedarse en el campamento.

Perks Court es una ubicación perfecta para un refugio para personas sin hogar por las siguientes razones:

1. Está a cien yardas de la oficina de la coordinadora médica para desamparados, Sata Mundy.

2. Está a poca distancia del Centro de Salud Comunitario del Condado de El Dorado y atención dental preventiva.

3. Está a unos metros de la línea de autobús del condado que brinda acceso a empleos en todo el condado.

4. Está a poca distancia de varios restaurantes, supermercados y farmacias, como Safeway y Wal-Mart.

5. Está cerca de cinco iglesias y a una corta caminata de la Iglesia de Green Valley.

6. Está actualmente en uso y sirve a los ciudadanos del condado de El Dorado.

7. Está a poca distancia de muchas oportunidades potenciales de empleo.

8. Está zonificado como «comercial», siendo apropiado que las personas sin hogar hagan uso del mismo.

9. Está separado de las residencias y escuelas cercanas por lotes abiertos.

10. Es una ubicación que minimiza la exposición pública y los encuentros no deseados.

11. Está junto al sendero para bicicletas, lo que proporciona acceso fácil y seguro a Missouri Flat Road y Placerville Drive

12. Está parcialmente sombreado.

13. Está mayormente nivelado.

14. Es accesible para vehículos de emergencia.

15. No es visible desde las casas vecinas ni desde la autopista debido a cercas y árboles.

16. Es una propiedad sin uso inmediato planificado.

17. Está cerca de Servicios Sociales y de las oficinas del gobierno del condado en Fair Lane.

18. Es una ubicación conveniente para el acceso de los oficiales de libertad condicional.

Si, después de un alquiler de cinco años, el condado tiene otros usos para la propiedad y desea que se le devuelva, Hangtown Haven, Inc. la restaurará a su estado original.

Peter Wolfe, un arquitecto licenciado y miembro del Consejo Asesor de Hangtown Haven, Inc., ha realizado el diseño. Se debe tener en cuenta que cada espacio habitable tiene el tamaño de las edificaciones pequeñas, la mayoría de las cuales inicialmente estarán ocupadas por carpas.

También se adjunta un resumen de cinco páginas sobre la nueva organización de Hangtown Haven Inc. Se basa en una Junta Directiva ampliada que incluye expertos de la Iglesia de la Comunidad de Green Valley. Creemos que una junta más grande es necesaria para proporcionar los servicios y el control necesarios cuando el sitio esté construido y en funcionamiento. El resumen también enumera a los miembros de la junta, tal como existen actualmente.

En resumen, no se le está pidiendo a la Junta de Supervisores que involucre al condado de El Dorado en el negocio de la atención de los desamparados. Más bien, se le pide que proporcione la propiedad, como lo hizo con United Outreach hace varios años, para que Hangtown Haven, Inc. pueda ofrecer un refugio a los residentes sin hogar. HTHI cuenta con voluntarios, competencia y experiencia para convertir la propiedad de Perks Court en un campamento limpio, seguro y exitoso para personas sin hogar. Proporcionará a las personas sin hogar del condado de El Dorado un lugar legal para dormir, congregarse y tener la oportunidad de un nuevo comienzo en la vida. Se les animará a encontrar trabajo o educación superior viviendo en las pequeñas edificaciones y no se les permitirá pedir limosna a los turistas ni congregarse en las escaleras de los negocios locales. HTHI ha demostrado su habilidad al diseñar y administrar un campamento dinámico en Broadway, Placerville, y hará de Perks Court un ejemplo exitoso de cómo una comunidad puede abordar el sinhogarismo de manera humana y efectiva sin costo para el condado. Pocos condados en California han asumido el desafío del sinhogarismo. El Condado de El Dorado puede liderar el camino.

Nuevamente, solo pedimos que el condado le otorgue a HTH un arrendamiento de cinco años de su propiedad, lote 32713019 en Perks Court, en el que podamos construir un refugio para personas sin hogar que inicialmente consistirá de carpas y eventualmente de edificaciones pequeñas junto con dos edificaciones más grandes de área común. El condado de El Dorado puede estar orgulloso de su contribución a la seguridad y el bienestar de las personas sin hogar que viven en nuestra comunidad.

Muchas gracias.
Atentamente,

Art Edwards, presidente de
Hangtown Haven, Inc.

La propiedad en Perks Court descrita en la carta está junto a la propiedad arrendada a United Outreach y está zonificada como «comercial», lo que permite construir un refugio para personas sin hogar en ella por derecho. Sin embargo, planeábamos comenzar con carpas individuales hasta que se recaudara suficiente dinero para construir las edificaciones de 8'x12'. Dado que las carpas no están permitidas en ninguna zona, se habría requerido un Permiso de Uso Especial para comenzar. Como mencioné anteriormente, no hemos recibido respuesta a mi carta de los supervisores desde agosto de 2013.

Lote 32713019 de Perks Court
Nuevo refugio para desamparados adyacente
a la propiedad original de Perks Court
Nótese la plancha de concreto existente para el área común

Llevé al supervisor de ese distrito, Brian Veerkamp, en un recorrido por la propiedad y le mostré nuestros planes y dónde iría todo. Pareció impresionado, pero las cosas no terminaron en nada. Hemos escuchado que los supervisores han estado bajo una fuerte presión de las empresas locales para mantener cualquier refugio para personas sin hogar fuera de esa área. Hasta ahora, los supervisores han cumplido con esa demanda y no se ha construido nada en el condado para albergar a las personas sin hogar.

A finales de la primavera de 2014, los supervisores nombraron un comité de voluntarios «experimentados» compuesto por personas sin hogar y empleados de la ciudad y el condado para trabajar juntos en el desarrollo de un refugio y un programa para desamparados en nuestro condado. Este grupo, llamado el Comité de Teoría del Cambio (TC) para Personas sin Hogar del Condado de El Dorado, se reúne periódicamente para hablar sobre qué hacer para las personas sin hogar en el condado. Ha pasado más de un año desde que se organizó, y la fase actual está comenzando a discutir la posibilidad de un refugio para personas sin hogar. Se estima que si alguna vez se llega a un acuerdo sobre un refugio, ocurrirá en más de un año a partir de ahora.

Las personas se han quejado de que, mientras el comité está invirtiendo tanto tiempo en lograr un «consenso» sobre los problemas de las personas sin hogar, muchas personas están congelándose en las calles y en las colinas alrededor de la ciudad. La respuesta del condado es que: «es importante conseguir la aprobación de la comunidad a través del proceso de consenso antes de que se pueda hacer algo para ayudar a las personas sin hogar». Aquellas personas que no están de acuerdo con este proceso han dicho que: «no, todo lo que necesitamos para lograr algo es que los supervisores defiendan a las personas desamparadas». Es importante señalar que solo tres de los miembros del comité han construido u administrado un refugio para personas sin hogar.

No solo el Concejo Municipal de Placerville ha rechazado cualquier refugio para personas sin hogar en la ciudad, la Junta de Supervisores de El Dorado ni siquiera responde a mi oferta de construir uno en el condado sin fondos de los contribuyentes.

Condados adyacentes

Debido a la publicidad que recibimos, nuestro nombre y logros se difundieron por todo el estado. Personas de varios condados nos visitaron, recorrieron las instalaciones e hicieron muchas preguntas. La pregunta que más se hizo fue: «¿Cómo han logrado los voluntarios del condado de El Dorado lo que nosotros no hemos podido?» A continuación, menciono algunas de las ciudades/condados cuyos representantes nos visitaron:

- Vallejo

- Garberville,

- Mendocino

- Santa Cruz

- Stockton

- Sacramento

- Nevada City

- Auburn

- Grass Valley

- Marin

- Eugene, Oregon

- Roseville

También recibimos donaciones y consultas telefónicas de San Antonio, Texas, Pensilvania y Nueva Jersey. Nuestra fama y éxito se extendieron por todo el país. Hoy en día, la mayoría de las ciudades y condados mencionados anteriormente están diseñando y construyendo refugios para personas sin hogar basados en nuestro diseño y éxito. Nuestra mayor notoriedad provino del Los Angeles Times, cuyos reporteros y camarógrafos viajaron desde Los Ángeles para hacer una historia sobre nosotros. Sin embargo, en la actualidad, los esfuerzos para ayudar a las personas sin hogar en el condado de El Dorado están latentes.

Publicidad

El tema de la publicidad es muy importante y no debe pasarse por alto. Parece intuitivo que debes conseguir toda la publicidad posible si estás construyendo un refugio para personas sin hogar. Sin embargo, esto no siempre es cierto. Debes considerar esto detenidamente antes de comenzar una campaña publicitaria.

Es natural querer compartir tu proyecto con periódicos locales y estaciones de televisión. Cuando lo hagas, es imperativo que compartas tus intenciones con un periódico o estación que sea comprensivo sobre tus objetivos. También es importante que el momento sea impecable. Cometimos un grave error en este aspecto que ahora compartiré contigo.

Había hecho buenas preparaciones con nuestro periódico local para un artículo que le anunciaría a la comunidad nuestros planes para un refugio. El artículo estaba muy bien escrito y nos apoyaba completamente. Desafortunadamente, el momento fue terrible. El artículo alertó a aquellos que se oponían a nuestros esfuerzos antes de que hubiéramos avanzado significativamente en el proyecto. Nuestra oposición se movilizó rápidamente para hacer lo que pudieran para detenernos. Hay un viejo dicho que dice que es mejor presentar a tu oposición un hecho consumado que alertarlos durante el proceso. «Es mejor pedir perdón que permiso» es muy cierto cuando se trata de ayudar a las personas sin hogar.

La buena noticia sobre la publicidad es que también alerta a tus seguidores sobre lo que estás haciendo y puede resultar en contribuciones. El canal 10 en Sacramento hizo un reportaje sobre nosotros, entrevistándome en el lugar, lo que enfureció a muchas personas, pero también resultó en contribuciones inmediatas de más de $ 1000 para nuestra organización. Sin embargo, es una apuesta, y las ventajas y desventajas deben sopesarse cuidadosamente antes de difundir cualquier publicidad sobre la construcción de un refugio para personas sin hogar.

CAPÍTULO TREINTA

La casa de conexiones de la salud

El Hospital Marshall tiene una factura considerable cada año debido a los desamparados, ya que cada hospital en California está obligado por ley a proporcionar atención médica de emergencia a cualquier persona que llegue a su sala de emergencias, ya sea en ambulancia o en automóvil. Las personas sin hogar en nuestra comunidad reconocen esto y tienden a aprovecharlo al máximo. Cuando una persona sin hogar tiene una astilla en la mano, a menudo llama a una ambulancia para llevarle a la sala de emergencias del hospital y recibir tratamiento médico. El hospital nos informa que un viaje en ambulancia a la sala de emergencias cuesta alrededor de $ 12.000, y este costo, dado que la persona sin hogar obviamente no pueden pagarlo, se distribuye entre los seguros de todos los demás. En otras palabras, aquellos de nosotros que tenemos seguro pagamos por la falta de un médico familiar para las personas sin hogar.

Este problema se alivió gracias a la existencia de Hangtown Haven. Proporcionamos un médico o enfermero para cada residente y a menudo llevábamos a las personas sin hogar a la sala de emergencias si era necesario, lo que le ahorraba al hospital miles de dólares al año en atención de emergencia innecesaria. Siempre me sorprendió que el hospital no se levantara y se quejara por el cierre de Haven por parte de la ciudad. Debería haber sido un problema económico sencillo para ellos.

Para ayudar a resolver este problema, Hangtown Haven, Inc. hizo un contrato con el Hospital Marshall a través de Partners in Care después de que Haven cerrara a principios de la primavera de 2014. A petición de PIC, alquilamos una casa de tres habitaciones en el condado, la amueblamos y designamos a un residente administrador. No fue fácil alquilar una casa para albergar a cinco hombres y mujeres sin hogar, pero la familia Reeder quería hacer su parte por los desamparados y nos ofreció un buen precio por alquilar su casa.

PIC determinó quiénes serían los residentes y por cuánto tiempo. Estas eran personas sin hogar que habían tenido una operación pero no podían quedarse en el hospital por más tiempo. Otros necesitaban atención de la enfermera de PIC pero no requerían atención hospitalaria.

La Casa de Conexiones de la Salud fue un gran éxito y le ahorró al hospital una gran cantidad de dinero. Nos dijeron que con solo dos residentes en la casa, los ahorros superaron los costos para mantenerla abierta. Siempre se nos proporcionaba comida gratuita para los residentes por parte de The Food Bark. A continuación, se presenta el resumen de nuestros huéspedes en la Casa de Conexiones de la Salud para el período de marzo de 2014 a febrero de 2015:

Número total de huéspedes	23
Hombres	16
Mujeres	7
Estadía promedio por huésped	27 días
Motivo de uso de la casa	
Recuperación después de hospitalización	20
Recuperación postoperatoria	4
Salud mental	1
Rehabilitación física	2
Vivienda durante tratamiento oncológico	2
Nota: Algunos huéspedes tuvieron más de una razón	

Lamentablemente, el hospital decidió finalizar nuestro contrato después de un año por lo que escuchamos fueron razones financieras y ahora volverá a proporcionar atención médica «gratuita» a las personas sin hogar como lo exige la ley.

Cuando el hospital dejó de financiar nuestro hogar, Partners in Care cerró sus puertas y dejó de existir. Community Haven, Inc. luego decidió que la casa era demasiado buena para dejarla ir. Así que nos sentamos con otras dos organizaciones sin fines de lucro en nuestra comunidad y negociamos una asociación que utilizaría la casa para ayudar a las personas sin hogar.

Las tres organizaciones sin fines de lucro, Only Kindness (CRC), Community Haven, Inc. y Jobs Shelters of the Sierra (ISS), ahora están en asociación para mantener la casa en funcionamiento. Cada una tiene las siguientes responsabilidades:

- Community Haven, Inc. se encargará de mantener la casa, pagar las facturas y proporcionar al administrador de la casa.

- Only Kindness (CRC) seleccionará a los residentes desamparados.

- JSS utilizará el garaje para almacenar ropa, sacos de dormir y tiendas de campaña para distribuir entre las personas sin hogar del condado.

Esta asociación tiene la distinción de ser la primera en nuestra comunidad en la que tres organizaciones sin fines de lucro se han unido por el propósito de brindar ayuda a los miembros de nuestra comunidad sin hogar. A cada residente se le cobrará una tarifa nominal para vivir allí. La tarifa incluirá alimentos proporcionados por el Banco de Alimentos y acceso a citas médicas proporcionadas por nuestra furgoneta. Las tarifas no cubrirán completamente el costo de proporcionar y mantener la casa, por lo que estamos buscando ayuda financiera de otras organizaciones sin fines de lucro o personas generosas. Este acuerdo entre las tres organizaciones sin fines de lucro abre la posibilidad a futuras acciones. Con suerte, el condado verá esto como una señal positiva para brindar ayuda a nuestras personas sin hogar.

Aunque no es tanto como nos gustaría hacer o tanto como somos capaces de hacer, mientras tanto haremos lo que podamos con lo que tenemos disponible. Si quieres cavar a través de una montaña y la única herramienta que tienes es una cuchara, comienza a cavar.

**La casa de las conexiones de la salud
Ahora hogar de cuatro desamparados**

Jobs Shelters of The Sierra

Mi buen amigo Ron Sachs fundó «John's Shelters of The Sierra» (ISS) hace varios años. Su intención siempre ha sido satisfacer las necesidades de las personas sin hogar distribuyendo ropa, sacos de dormir, carpas y otros artículos en su automóvil varias veces a la semana. Su grupo se ha convertido en una exitosa organización sin fines de lucro con muchos voluntarios que recorren las áreas conocidas de desamparados varias veces a la semana. Distribuyen papel higiénico, calcetines, ropa interior y todo tipo de prendas, así como carpas y sacos de dormir.

Desafortunadamente, los voluntarios han experimentado acoso, como se describe en el próximo capítulo, y están empezando a tener miedo de continuar. Aunque la policía aún no ha arrestado a nadie, nadie quiere enfrentarse a la ira de la policía.

Recientemente, nos enteramos de que un automóvil de policía de Placerville se acercó a la furgoneta de JSS y el oficial le dijo al voluntario que dejara de repartir ropa a las personas sin hogar. El oficial argumentó que los negocios de la zona se quejan de que los clientes dudan en comprar en un área donde se congregan personas sin hogar esperando que la furgoneta de JSS entregue ropa y otros artículos necesarios. La ubicación en cuestión es el estacionamiento frente a la tienda Dollar Store, junto a la carretera, afuera del área de estacionamiento.

Nuestro abogado nos dice que no hay nada que podamos hacer para evitar el acoso policial. Parecen ser inmunes a las quejas de que están yendo más allá de la ley, a pesar de que no existe ninguna ley que impida a los voluntarios repartir ropa en un estacionamiento. ¿En qué tipo de país queremos vivir?, ¿donde la policía hace las leyes?

CAPÍTULO TREINTAIUNO

COMIDA PARA EL HAMBRIENTO

Durante muchos años, una organización eclesiástica (FAITH) ha estado proporcionando almuerzos para las personas sin hogar de nuestra comunidad. Además, durante años ha habido comida disponible en el Upper Room, donde se ofrece una cena gratuita todas las noches a partir de las 4:00 PM para cualquier persona que entre. Los voluntarios dirigen el Upper Room y su comida proviene del Banco de Alimentos. Ha tenido mucho éxito, pero proporciona solo una comida al día para todos. Sin embargo, no había nada disponible para el almuerzo hasta que las iglesias se unieron y organizaron voluntarios para preparar y entregar almuerzos en toda la comunidad.

El programa de almuerzos ha tenido éxito durante unos diez años en la comunidad. La organización FAITH se ha hecho cargo y sus voluntarios salen todos los días en sus vehículos para entregar sándwiches, chile o lasaña en varios puntos de encuentro alrededor de la ciudad y el condado. Las personas sin hogar suelen saber dónde estará el vehículo de comida y se congregan allí al mediodía todos los días.

Este arreglo funcionó muy bien hasta hace poco, cuando al parecer la policía decidió intervenir. Un lugar dentro de los límites de la ciudad había sido un área de congregación grande para la distribución de alimentos al mediodía. Hay un motel en el extremo este de la ciudad donde las personas sin hogar pueden alojarse a un bajo precio. Está cerca de un bosque adyacente donde viven muchos desamparados. He visto a más de cuarenta personas sin hogar reunirse en el estacionamiento del motel esperando la entrega de alimentos al mediodía por parte de los voluntarios de FAITH. Los dueños del motel no se oponían y no había vecinos cercanos que realizaran comentarios, por lo que continuó durante años.

La policía aparentemente decidió ponerle fin a la entrega de alimentos en este motel, pero tenían un problema. Las personas pueden hacer lo que quieran en su propiedad siempre que no estén infringiendo la ley, y no hay ninguna ley que diga que no puedes alimentar a alguien en tu propiedad. Por lo tanto, la policía no pudo detenerlos, pero no se dieron por vencidos.

Repetiré los siguientes párrafos tal como me los contaron varias fuentes confiables, ya que yo no estaba presente.

Un día al mediodía, los desamparados se estaban congregando en el estacionamiento del motel, y un auto de policía de la ciudad se acercó, y posteriormente una oficial uniformada salió de la patrulla. Pidió hablar con el gerente del motel. Él salió de su oficina y preguntó qué quería ella. Se reporta que ella dijo: «Me gustaría que dejaran de alimentar a los indigentes en su propiedad». El gerente parecía estar en sus cabales cuando aparentemente respondió: «Por ley, no pueden detenernos y yo no puedo tomar esa decisión, solo el propietario puede».

Con evidente irritación en su voz, se informa que preguntó: «¿Dónde puedo encontrar al dueño?» El gerente respondió que estaba en la oficina.

«Gracias», dijo y luego entró sola a la oficina del motel. Pasaron varios minutos y la policía salió, subió a su patrulla y se fue. Poco después, el dueño del motel salió de su oficina al estacionamiento y dijo con voz temblorosa: «Lo siento, pero todos tendrán que irse. Ya no permitiremos que se distribuyan almuerzos en esta propiedad».

No estaba presente en esta congregación ni escuché personalmente ninguna de las conversaciones que he relatado. Sin embargo, lo considero un hecho, ya que las personas que entregaban la comida llegaron poco después de que la patrulla se acercara. Estos eventos también me han sido confirmados por varias personas sin hogar que estuvieron presentes en el intercambio.

Desde entonces, hemos escuchado que cuando se les pregunta a los miembros del Concejo Municipal por qué cerraron ese lugar de distribución de alimentos en el motel, la respuesta normal es: «Oh, no hicimos eso. El propio dueño del motel decidió que ya no quería que estuvieran allí».

El dueño del motel había estado permitiendo y alentando a los voluntarios a proporcionar y distribuir almuerzos en este estacionamiento durante al menos los diez años en los que he estado activo ayudando a las personas sin hogar. ¿Y de repente, después de una conversación de cinco minutos con una policía, cambia de opinión y prohíbe que las personas sin hogar sean alimentadas en su propiedad? No especularé más, sino que permitiré que el lector saque sus propias conclusiones.

Ahora no hay ningún lugar en la ciudad donde puedas alimentar a las personas desamparadas sin ser molestado por la policía. De hecho, la ciudad ha dictaminado que las personas sin hogar no pueden congregarse en el único parque de la ciudad llamado Lumsden. En resumen, no hay un lugar para dormir, sentarse en un banco, conseguir ropa, carpas o sacos de dormir, recibir comida, atención médica gratuita, pentanilo, ir al baño (con una excepción) o sentarse en la acera sin riesgo de ser arrestado. He escuchado decir que los empleados de la ciudad han presumido que: «haremos que sea tan miserable para ellos que pronto todos los desamparados se irán de Placerville». Nuestros impuestos están pagando por personas que parecen estar en camino de lograr eso. En resumen, en Placerville es ilegal:

Alimentar a los desamparados en propiedad privada. Mendigar o pedir dinero. Alimentar a los hambrientos en las calles. Darle ropa a las personas sin hogar en estacionamientos. Dormir en cualquier lugar de la ciudad. Congregarse en el parque de la ciudad durante el día.

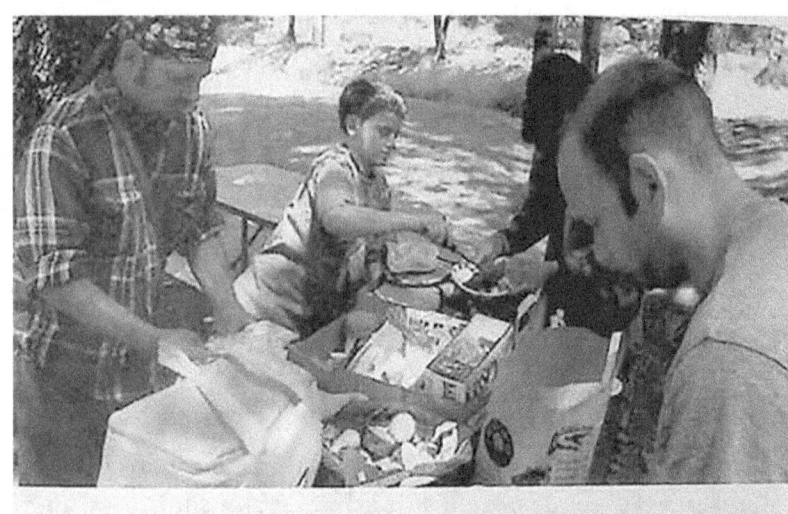

El nieto del autor, Conner Edwards, dándole chile a los desamparados

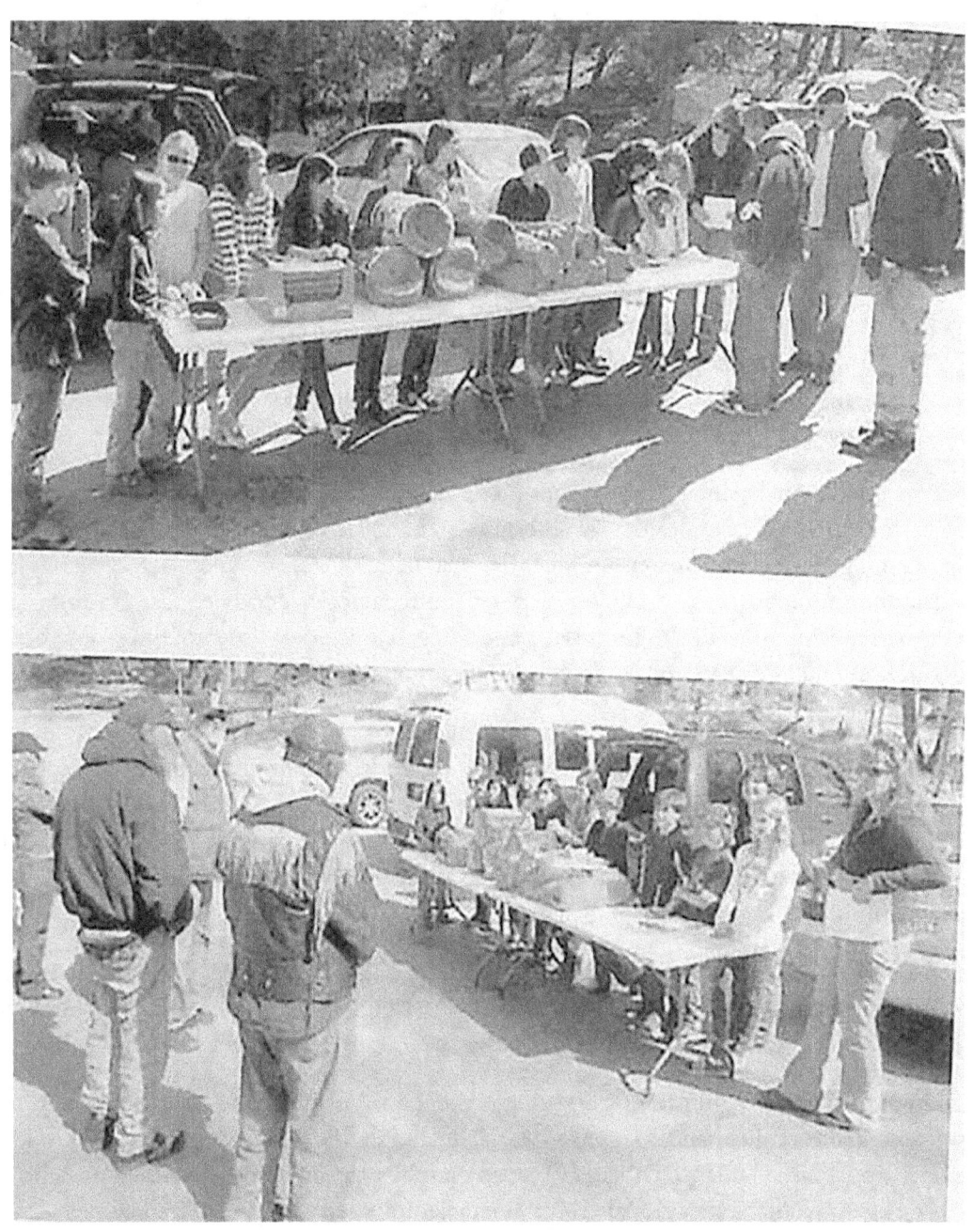

Voluntarios distribuyendo bolsas de dormir en el Parque Lumsden antes de ser cerrados

CAPÍTULO TREINTAIDÓS

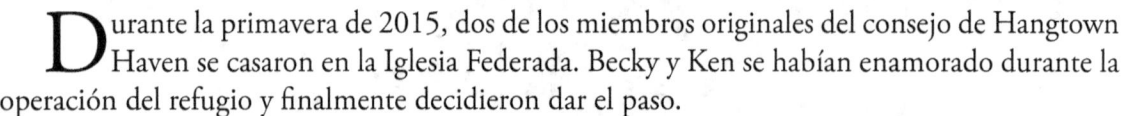

UN FINAL FELIZ

Durante la primavera de 2015, dos de los miembros originales del consejo de Hangtown Haven se casaron en la Iglesia Federada. Becky y Ken se habían enamorado durante la operación del refugio y finalmente decidieron dar el paso.

Fue una boda espectacular, con muchos de los que habían conocido en su travesía fuera del sinhogarismo, incluida la exalcaldesa y su esposo. Cuando el refugio cerró, Becky comenzó a trabajar como gerente de oficina en un taller de reparación de automóviles local, y Ken y James (el padrino) se unieron para formar un servicio de reparación de viviendas. Hasta la fecha, «Those Guys», el nombre de su empresa, tiene reservaciones para los próximos dos meses, y Becky dirige el taller de automóviles como una profesional.

Ahora todos tienen hogares y les va muy bien. Becky me invitó a hacer de su padre para llevarla al altar. Esta experiencia fue emocionante para mí, ya que será la única vez que sea el padre de la novia, porque mis dos hijas fallecieron en los últimos diez años. Mi esposa, Shirley, fue invitada a ser la madre de la novia, y aceptó con gusto. James Adkins fue el padrino de Ken y Bruce Lacher fue su acompañante. La hija de Becky, Sierra Nylunder, y Sonni Gill, fueron sus damas de honor.

Ken Burkey ofició como pastor y Ron Sachs fue el celebrante. Ken es el pastor de la Iglesia de Green Valley, pero esa iglesia no realiza bodas, así que Andrew Headden, el pastor de la Iglesia Federada, amablemente permitió que el pastor Burkey oficiara la boda en nuestra iglesia.

Cuando la novia y yo entramos a la iglesia tomados del brazo, la multitud de amigos y familiares sentados en los bancos se puso de pie, aplaudiendo, silbando y vitoreando. Fue una experiencia increíble ver cuánto habían avanzado estas dos personas desde el día en que entraron al refugio tristes, perdidas y asustadas. Es un buen ejemplo de lo que pueden lograr las personas sin hogar cuando se les da un lugar para vivir y una mano amiga. Becky cuenta a todos los que quieran escuchar que Hangtown Haven le salvó la vida. Imagina cuántas más vidas podrían haberse salvado y transformado si se hubiera permitido que el refugio continuara.

Becky y Ken casándose

El autor, Bruce Lacher y Shirley Edwards

James Adkins, Ken Green y Bruce Lacher

La fiesta de la boda

CAPÍTULO TREINTAITRÉS

El Tribunal de Apelaciones del Noveno Circuito

Citando jurisprudencia básica sobre los derechos civiles de las personas en lugares públicos, el Noveno Circuito revocó el 19 de junio de 2014 la ordenanza de la Ciudad de Los Ángeles, Sección 85.02, que prohibía el uso de vehículos como vivienda.

La decisión en el caso de Desertrain v. La Ciudad de Los Ángeles potencialmente reduce el control del gobierno municipal sobre los usos y presencia en los espacios públicos. Por otro lado, mejora la capacidad de las personas que han perdido viviendas convencionales permitiéndoles utilizar sus vehículos con algunos de los propósitos de un hogar, en lugar de enfrentar situaciones más riesgosas y estereotipadas de personas sin hogar, como cargar sus pertenencias en sus mano en las calles de la ciudad o depender completamente de refugios e instituciones.

La opinión del Noveno Circuito, escrita por el juez Harry Pregerson, consideró que la ordenanza de Los Ángeles era inconstitucionalmente vaga porque: «los demandantes quedan suponiendo qué comportamiento los expondría a una citación y arresto por parte de un oficial», y que la ordenanza fomentaba la aplicación arbitraria y discriminatoria contra las personas sin hogar.

El dictamen examina las circunstancias de cuatro demandantes citados y arrestados por supuestamente vivir en sus autos durante una campaña de control en el área de Venice en otoño de 2010. (En la demanda se mencionan siete demandantes, pero una nota al pie de la página explica que algunos recibieron multas de estacionamiento mientras estaban estacionados con tarjetas de discapacidad, y las partes acordaron que esas multas fueron un error).

En todos los casos descritos, los demandantes mantenían pertenencias en sus vehículos, pero dos dormían en sus autos solo por la noche mientras estaban estacionados en propiedades privadas con permiso. Un tercero, habiendo recibido una advertencia contra dormir en su auto, «entonces comenzó a dormir en la acera, lo cual es legal», y en ocasiones dormía en un refugio. El cuarto, cuando fue arrestado, insistió en que no estaba durmiendo, pero se le dijo que «dormir no es el único criterio para infringir la Sección 85.02».

El dictamen también relató evidencia de comprensiones conflictivas entre los oficiales de la ciudad sobre el significado de la ordenanza. Señaló que, aunque se plantearon problemas legítimos de salud y seguridad sobre las condiciones en las que vivían los campistas en vehículos, «algunas de las conductas en las que estaban involucrados los demandantes al ser arrestados, como comer, hablar por teléfono o refugiarse de la lluvia en sus vehículos, imitan la conducta cotidiana de muchos residentes de Los Ángeles».

Se concluyó que la ley es tan vaga que no proporciona bases sobre la conducta que realmente prohíbe y, según la interpretación de la policía de la ciudad, es «incompatible con el concepto de administración imparcial de la ley para los pobres y los ricos, que es fundamental para una sociedad democrática».

El dictamen citó extensamente el caso Papachristou v. La Ciudad de Jacksonville, el excepcionalmente literario dictamen de 1970 de la Corte Suprema escrita por el juez William O. Douglas, que anuló, por ser vagas, las antiguas leyes de vagancia que autorizaban el arresto por situaciones como el desempleo y por delitos mal definidos como «vagabundeo».

Las juezas Marsha S. Berzon y Morgan Christen se unieron a Pregerson en el dictamen. Su decisión revocó un fallo de 2011 de un tribunal de distrito que había respaldado a la ciudad y a los oficiales arrestados en mociones cruzadas de sentencia sumaria. Como cuestión preliminar, el Noveno Circuito consideró apropiado analizar el desafío de la vaguedad de la ordenanza planteada en la moción de los demandantes, aunque no habían planteado el aspecto de vaguedad de su argumento constitucional hasta después de presentar su primera demanda enmendada. El tribunal de distrito local se había negado a considerar los méritos del desafío de la vaguedad.

Mark Ryavec, jefe de la Asociación de Vecinos de Venice y defensor de la prohibición de acampar en las calles de Venice, declaró ante Los Angeles Times: «Permite en tu puerta a personas mentalmente enfermas, inclinadas hacia el crimen o peligrosas y elimina cualquier posibilidad de que la policía pueda hacer algo al respecto».

La decisión no otorga necesariamente permiso general para dormir en vehículos en todas las circunstancias. Los residentes vehiculares pueden verse afectados por muchas leyes, incluidas restricciones de estacionamiento, códigos vehiculares y estatutos de mala conducta que prohíben muchos tipos de actividades vitales en propiedades públicas. Queda por verse cuánto puede limitar Desertrain el uso de tales medidas adicionales.

Sin embargo, el caso ya se ha reconocido como uno de gran importancia en toda California. William Abrams, profesor consultor de Stanford que ha representado a residentes vehiculares en Palo Alto, le dijo a un periódico local que creía que el fallo «se aplicaría por completo si tuviéramos que ir a juicio» por la ordenanza de Palo Alto contra dormir en vehículos.

La abogada activista Carol Sobel, que representó a los demandantes, le dijo a la emisora de radio KPCC que, dado que sus clientes no dormían en sus vehículos en propiedades públicas, el caso se refería principalmente a la capacidad de usar vehículos en una calle pública durante el día sin ser señalados por tener determinados tipos de propiedades en sus vehículos. En la entrevista de radio, dijo que los cuatro demandantes habían sido arrestados bajo la ley invalidada, que se definía como un delito menor, y dos de ellos perdieron sus vehículos por el remolque. Al preguntarle si tolerar la la habitación en vehículos creaba inquietudes de la salud o si reducía la presión de proporcionar viviendas reales, dijo que la respuesta a las necesidades de la salud y vivienda no era encarcelar a las personas.

El Fiscal de la Ciudad de Los Ángeles, Mike Feuer, le dijo a la prensa que no apelaría la decisión, pero que iba a redactar nuevamente la ordenanza. Le dijo al LA Times: «Necesitamos tomar un descanso del pasado… y comprometernos a abordar los problemas que crean el sinhogarismo en primer lugar».

¡Gracias a Dios por el Noveno Circuito de Apelaciones! Es inconstitucional prohibir que las personas sin hogar duerman al aire libre, de acuerdo al gobierno federal.

Que todos necesitamos dormir es un hecho verídico, pero también un punto legalmente importante. La semana pasada, el Departamento de Justicia argumentó esto en un caso relativamente opaco en Boise, Idaho, que podría afectar la forma como las entidades regulan y castigan el sinhogarismo.

Boise, como muchas ciudades cuyo número ha aumentado desde la recesión, tiene una ordenanza que prohíbe dormir o acampar en lugares públicos. Pero tales leyes, de acuerdo al DOJ, efectivamente criminalizan el sinhogarismo en situaciones en las que las personas simplemente no tienen otro lugar donde dormir.

Cuando existe suficiente espacio en refugios, las personas tienen la opción de dormir en público o no. Sin embargo, cuando no existe suficiente espacio en refugios, no hay una distinción significativa entre el estado de ser una persona sin hogar y la acción de dormir en público. Dormir es una actividad vital, es decir, debe ocurrir en algún momento y en algún lugar. Si una persona literalmente no tiene otro lugar adonde ir, hacer cumplir la ordenanza contra acampar la criminaliza por ser una persona sin hogar.

Según el DOJ, tales leyes violan las protecciones de la Octava Enmienda contra el castigo cruel e inusual, lo que las hace inconstitucionales. Al intervenir en este caso, el DOJ se aventura en un área legal aún no explorada en dos décadas, advirtiendo a las ciudades mucho más allá de Boise y respaldando los objetivos federales de tratar la falta de vivienda de manera más humana.

«Es enorme», dice Eric Tars, un abogado en jefe del Centro Nacional de Derecho sobre la Falta de Vivienda y la Pobreza, que presentó originalmente la demanda contra Boise junto con los Servicios de Asistencia Legal de Idaho. (Levantar las prohibiciones de dormir al aire libre no detendrá la criminalización del sinhogarismo).

De acuerdo a un informe del NLCHP del año pasado que encuestó a 187 ciudades entre 2011 y 2014, el 34 por ciento tenía leyes que prohibían acampar en lugares públicos en toda la ciudad. Otro 43 por ciento prohibía dormir en vehículos y el 53 por ciento prohibía sentarse o acostarse en determinados lugares públicos. Todas estas leyes criminalizan actividades como sentarse, descansar y dormir, que son fundamentalmente humanas.

Han criminalizado ese comportamiento en un entorno donde la mayoría de las ciudades tienen muchas más personas sin hogar que camas en refugios. En 2014, de acuerdo a las estimaciones del gobierno federal, había aproximadamente 153.000 personas sin hogar en las calles de los Estados Unidos en cualquier noche determinada. Leyes como estas se han vuelto más comunes desde que la falta de vivienda empeoró por la recesión.

«El sinhogarismo se está volviendo más visible en las comunidades, y cuando la falta de vivienda se vuelve más visible, hay más presión sobre los líderes comunitarios para hacer algo al respecto», dice Tars. «Y en lugar de explorar realmente cuál es la mejor solución para el sinhogarismo, la respuesta automática, como con muchas otras cosas en la sociedad, es: 'abordaremos este problema social dentro del sistema de justicia penal'».

También agrega que es más fácil para los funcionarios electos argumentar a favor de sanciones penales cuando los costos públicos de esa política son mucho más difíciles de ver que los costos de invertir en refugios o servicios para los pobres. Sin embargo, los defensores y el gobierno federal han argumentado que es mucho más costoso multar a las personas sin hogar con los costos judiciales, penitenciarios y de salud asociados que invertir en soluciones de «vivienda primero» que han funcionado en muchas partes del país.

Las citaciones penales también agravan el problema de la falta de vivienda, dificultando que las personas sean elegibles para empleos o viviendas en el futuro.

«Tienes que marcar esas casillas [penales] en los formularios de solicitud», dice Tars. «Y no dicen '¿fuiste arrestado porque estabas tratando de sobrevivir en las calles?', dicen: 'si tienes antecedentes penales, no te vamos a aprobar el alquiler'». El objetivo del NLCHP, dice Tars, no es proteger los derechos de las personas que viven en la calle, sino prevenir y poner fin a la falta de vivienda. Eso significa agregar muchas más camas en refugios y opciones de vivienda en lugares como Boise, que tiene tres refugios dirigidos por dos organizaciones sin fines de lucro para que las personas tengan opciones que no sean la calle.

El argumento del DOJ se basa en la lógica de una decisión anterior del Noveno Circuito, que anuló la ley de vagabundeo en Los Ángeles debido a un acuerdo. Esa lógica dice específicamente que es inconstitucional castigar a las personas por dormir al aire libre si no hay suficientes camas para que duerman bajo techo. Si las hubiera, la pregunta constitucional sería diferente, aunque las implicaciones morales y políticas pueden seguir siendo las mismas.

«El sinhogarismo nunca se fue de la ciudad porque alguien le dio una multa», dice Tars. «La única forma de ponerle fin a este problema es asegurarse de que todos tengan acceso a una vivienda asequible y decente».

Parece que el Departamento de Justicia de los Estados Unidos se está involucrando en el sinhogarismo por primera vez en nuestra historia. La opinión del DOJ es precisamente eso, una opinión, hasta que un tribunal se pronuncie. Pero es un comienzo, y tal vez las ciudades y los condados pronto estarán obligados a proporcionar refugios para sus poblaciones sin hogar. Es poco probable que suceda durante lo que me resta de vida, pero creo que es inevitable. Quizás vuelva a tiempo en mi próxima vida para ayudar.

CAPÍTULO TREINTAICUATRO

En conclusión

Hasta la primavera de 2016, no existe ningún refugio para personas sin hogar en el condado de El Dorado ni en la ciudad de Placerville que sea capaz de albergar a cuarenta personas sin hogar durante las veinticuatro horas del día. Hay varias viviendas privadas en las zonas que se han alquilado para las personas sin hogar, pero solo pueden albergar un máximo de seis personas por propiedad de acuerdo a la ley. Además, el programa de Refugio Rotativo Nomada comenzó el 01 de noviembre y terminará el 01 de abril, pero solo está abierto durante la noche. Durante el día, también hace frío y está húmedo.

El comité de Teoría del Cambio del condado está trabajando para lograr un consenso y construir algún tipo de instalación, pero ese proyecto está al menos a un año de distancia, tal vez dos. Community Haven, Inc. (anteriormente Hangtown Haven) se ha ofrecido para construir un refugio que podría albergar hasta cien personas sin hogar sin costo para el contribuyente, pero el condado nos ha ignorado, al mismo tiempo que dice que no contribuirá nada a un refugio para personas sin hogar. Así que seguimos buscando apoyo financiero y político que nos permita construir un refugio en algún lugar del condado de El Dorado a pesar de la oposición de algunos de los líderes poderosos de nuestra comunidad.

Es realmente emocionante ver la exitosa transición de estas personas, anteriormente desamparadas, hacia vidas productivas. Todo esto se logró en gran parte porque se nos permitió construir un refugio para personas sin hogar en nuestra comunidad. Uno no puede evitar preguntarse cuántas historias de éxito más podría contar si el alcalde y el concejo municipal nos hubieran permitido mantener Hangtown Haven en funcionamiento.

Remontándome al refugio, he concluido que el éxito de Haven se debió principalmente a una inusual confluencia de personas dedicadas. Cada una hizo su parte para alcanzar el éxito y todos estuvieron disponibles en el momento justo. Aquí está una lista de ellos en orden alfabético y sus funciones según lo que recuerdo de cada uno. Pido disculpas a cualquiera que haya dejado inadvertidamente fuera.

- Larry Allum, Ken Green, James Adkins, Becky Nylander Green y Frank Matous - Miembros desamparados, Consejo de Residentes de HTH
- Mike Applegarth - Empleado del condado
- Carl Bialorucki- Sargento del Departamento de Policía de Placerville
- Tim Bailey - Contratista electricista
- Ken Burkey - Pastor en jefe de GVCC
- Janis y Tom Carney - Voluntarios
- Marie Cook - CRC
- Jim Ellsworth - Secretario/Tesorero de HTHI
- Jeff England - El Dorado Disposal
- Rene Evans - CRC
- Bruce Lacher - Jefe de Bomberos, Miembro del Consejo de HTHI
- Dave Machado - Miembro del Consejo de la Ciudad de Placerville y voluntario
- Laurie Marchant - Coordinadora de la Salud
- Cleve Morris - Director municipal de la ciudad de Placerville
- George Neilson - Jefe de Policía de Placerville
- Don Rake - Coordinador de voluntarios y miembro del consejo de HTHI
- Russ y Rob Reod - Operadores de equipos pesados
- Ron Sachs - Vicepresidente de HTHI, presidente de JSS
- Cyndy Salmon - Junta Directiva de HTIII
- Wendy Schultz- Reportera del Mt. Democrat
- Steve Stockwell - Voluntario
- Wendy Thomas - Vicealcaldesa, alcaldesa, concejal
- Don Vanderkar - Vicepresidente de HTHI
- Ron Wells de Wells Automotive
- Barry Wilkinson - Dueño de la propiedad de HTH y Wilkinson Portable Toilets, Inc.

Hay quien me ha dicho que mi nombre debe figurar en esta lista, así que aquí está:

- Art Edwards - Presidente de United Outreach, y presidente y director ejecutivo de Community (anteriormente Hangtown) Haven, Inc.

La lista anterior incluye solo a aquellas personas directamente relacionadas con el éxito de Hangtown Haven de acuerdo a lo recordado por el autor. No incluye los nombres de los muchos voluntarios que han trabajado incansablemente para proporcionar comida y refugio nocturno a otras personas sin hogar en nuestra comunidad. A estos ciudadanos dedicados, les ofrezco mi agradecimiento y espero que tengan mucho éxito en el futuro. Intentaría nombrar a aquellos con los que estoy familiarizado, pero seguramente omitiría algunos, lo que resultaría en confusión y resentimiento. ¡Sigan así, chicos!

Al revisar este capítulo, me doy cuenta de que he dejado fuera la contribución especial realizada por la reportera del Mountain Democrat, Wendy Schultz. Ella visitaba el refugio periódicamente y entrevistaba a muchos de sus residentes. También me entrevistó en varias ocasiones, y sus artículos eran precisos y completos. Siempre le agradecí por sus artículos y su interés en nuestros esfuerzos por ayudar a las personas sin hogar, y todavía la considero una buena amiga personal.

Hemos escuchado recientemente que nuestro nuevo jefe de policía despidió a nuestro maravilloso sargento de policía, Carl Bialorucky, quien estaba a cargo del área de Hangtown Haven en Upper Broadway bajo el jefe Neilson y era uno de los mejores en la Fuerza. Carl era conocido por tratar a las personas sin hogar con respeto y consideración. Están circulando rumores en la comunidad de personas sin hogar, pero no sabemos exactamente por qué fue despedido. Solo podemos suponer, pero parece bastante obvio. Estoy seguro de que la ciudad no nos lo dirá, probablemente alegando que es un asunto «personal». ¿Es un requisito que nuestra fuerza policial acose a las personas sin hogar bajo amenaza de despido?

Ahora estamos escuchando sobre la ciudad de Flint, Michigan, que ha sufrido un grave golpe a la salud debido a un gobernador conservador que decidió cambiar su suministro de agua de una fuente muy limpia a una especie de alcantarilla llena de basura y contaminantes. Está contaminada con plomo y otros metales pesados que tienen un grave efecto sobre la salud de los niños. El Gobernador hizo esto para ahorrar unos pocos dólares cada año y poder darles a los contribuyentes adinerados del estado una generosa reducción de impuestos. Los residentes de Flint son pobres, desfavorecidos y viven en la pobreza. En otras palabras, no tienen poder político ni influencia en el funcionamiento de su gobierno.

La cultura en Flint se parece mucho a la cultura de las personas sin hogar que vemos aquí en California. La forma como se han tratado a los residentes de Flint es muy similar a la forma como se trata a las personas sin hogar todos los días aquí en Placerville y en el condado de El Dorado. Los pobres en Michigan y las personas sin hogar en California son tratados de manera muy similar, y eso no cambiará mientras los políticos en el poder se preocupen más por sus ganancias que por las vidas de los estadounidenses pobres y desfavorecidos. En todo el país, las personas pobres están siendo tratadas de la misma manera.

Las posibilidades de que podamos construir un refugio para personas sin hogar en el condado o la ciudad durante mi vida (tengo 83 años) son escasas. La mayoría de nuestros políticos en funciones tendrán que ser destituidos de sus cargos antes de que eso suceda. Así la comunidad se quedaría con personas influyentes a las que nuestros funcionarios electos temerían enojar. Se nos recuerda que tres nuevos miembros de la Junta de Supervisores han sido elegidos recientemente, y dos más dejarán pronto el concejo municipal, por lo que puede haber un cambio en camino. Pero aún no ha surgido nada que ayude a la población desamparada.

Me disculpo con aquellos sin hogar que vivían en Hangtown Haven cuando la ciudad lo cerró. Hice todo lo posible para mantenerlo abierto, para proporcionar refugio a cuarenta personas sin hogar, pero fracasé. La parte más difícil de todo el proceso fue darme cuenta de que muchos residentes estaban en camino hacia la recuperación de la adicción, pero se vieron obligados a regresar a las calles y al bosque para dormir solos, lo que resultó en su recaída.

Ron Sachs y sus voluntarios de JSS todavía proporcionan carpas, ropa y sacos de dormir, pero las vidas que ahora se ven obligados a vivir las personas sin hogar no se comparan con lo que tenían en el refugio. Si hubiéramos hecho algo diferente, si yo hubiera tenido mejores habilidades políticas, tal vez todavía estarían en su hogar en Broadway. ¿Quién sabe?

La leyenda del Rey Arturo nos dice que, sí, alguna vez hubo un Camelot. Desde julio de 2012 hasta noviembre de 2013. Fue un milagro que nadie pensó que funcionaría, pero lo hizo.

Ahora, cuando deambulas por el sitio abandonado en Upper Broadway que alguna vez fue Hangtown Haven, y escuchas con atención, casi puedes escuchar las voces felices de las personas que alguna vez lo perdieron todo pero estaban trabajando arduamente en su recuperación. Puedes escuchar las voces de las mujeres que, por primera vez en sus vidas, se sintieron seguras y protegidas contra ataques sexuales, quienes ahora pueden abrazar a un desconocido mientras comparten el afecto que antes les había eludido. Escuchas a hombres riendo y compartiendo historias alrededor de la cálida fogata, historias de cómo están saliendo de la adicción y preparándose para regresar a la comunidad. Puedes escuchar a los policías, liderados por su jefe, bromeando y compartiendo comida y café con hombres y mujeres que alguna vez estuvieron aterrados de ver a un oficial acercándose a ellos. Casi puedes ver a hombres y mujeres trabajando juntos para ayudarse mutuamente y recolectando alimentos para entregárselos a personas que estaban peor que ellos.

No me considero cualificado para juzgar a los demás por lo que motiva sus acciones. Cada uno de nosotros debe responder por su propio comportamiento. Con suerte, cada miembro del Concejo Municipal y la Junta de Supervisores del condado tendrá que explicar por qué no permitieron que cuarenta o más hombres y mujeres sin hogar vivieran pacífica y felizmente en un refugio seguro sin costo para el contribuyente. Me gustaría estar allí cuando San Pedro les pregunte a cada uno de ellos: «¿Por qué cerraron un refugio exitoso en pleno invierno y dejaron a cuarenta de los hijos de Dios viviendo en las calles y en el bosque?» Quizás me enteraré algo que desconozco ahora.

¡No nos rendiremos! Tal vez aparezca un benefactor con un millón de dólares y nos done una propiedad o un edificio. Es poco probable, pero a veces todo lo que queda es la esperanza. Solo ver el éxito de personas rotas surgiendo de las cenizas de la desesperación y la adicción y regresando a una vida normal ha valido más que la pena. Como solía decir mi madre, que creció en la pobreza extrema en el oeste de Colorado durante la Depresión:

«No dejes de ayudar a quien lo necesite, Art, aunque creas que se lo merezca o no».

Alice Marie Rice Echwards

Lo siento mamá. Hice lo mejor que pude.

Camelot, devuelto a la naturaleza

EPÍLOGO

Esta es una historia real contada tal como el autor la recuerda, sin intentar proteger la identidad de los participantes. En este momento, parece inútil intentar construir un refugio para personas sin hogar de cualquier tipo en la ciudad de Placerville o en el condado de El Dorado. La estructura de poder no lo permitirá, a pesar de que no le costaría nada al contribuyente. Sin embargo, se espera que las lecciones aprendidas puedan aplicarse en otras comunidades de todo el país, para que las personas sin hogar, en algún lugar, tengan otra oportunidad en la vida. Si incluso algunas pocas personas pueden ser ayudadas, este libro habrá valido la pena.

Para finales de otoño de 2015, solicitamos una subvención a la Fundación Comunitaria de El Dorado aquí en Placerville. El director, Bill Roby, me escribió que no nos otorgarían la subvención que solicité para mantener abierto el Refugio para Mujeres en Diamond Springs. La Fundación Comunitaria no ha sido generosa con nosotros desde que abrimos en 2012. De los aproximadamente $ 60.000 que hemos recibido en donaciones y subvenciones desde entonces, la Fundación solo nos ha dado $ 250. Sin embargo, recientemente recibimos una subvención de $ 500 de un miembro individual de la Fundación Comunitaria.

Bill nos ha dicho recientemente que no otorgarán ninguna subvención a Hangtown Haven, Inc. en el futuro próximo. No tengo idea de por qué no nos ayudarán a apoyar a las personas sin hogar. Los miembros de la Fundación son todos residentes adinerados del condado, así que debería haber estado preparado para el rechazo. En algún momento, debemos haberlos enfadado, tal vez al construir un refugio exitoso en Upper Broadway. La conclusión es que, sin apoyo financiero, nuestros días de ayuda a las personas sin hogar están contados y tendremos que cerrar nuestra corporación sin fines de lucro en algunos meses. Tal vez entonces pueda jubilarme de verdad. Sin embargo, preferiría seguir ayudando a las personas sin hogar.

UN FINAL MUY FELIZ

Desde que Hangtown Haven cerró en 2013, hemos estado trabajando con la Junta de Supervisores de El Dorado para financiar un refugio para personas sin hogar de todo el condado, en o cerca de la ciudad de Placerville. No tuvimos éxito hasta que sucedieron dos cosas: primero, el condado sacó a los jóvenes fuera del Centro de Detención Juvenil, dejándolo completamente vacío, y segundo, la elección de la exalcaldesa de Placerville, Wendy Thomas, en la Junta de Supervisores. Con un centro juvenil vacío en Placerville, y Wendy Thoma, y el defensor de las personas sin hogar, John Hidahl, también en la junta, se apoyó nuestra propuesta de albergar a hasta sesenta hombres y mujeres sin hogar, sacándolos de la calle y llevándolos a una edificación cálida con duchas, cocina, salas de reuniones, televisión, lavandería, aire acondicionado, calefacción, cancha de baloncesto y comedor. Todo esto está financiado por el Estado de California y manejado por Volunteers of America.

Tenemos muchos más de 60 personas sin hogar en el condado de El Dorado, por lo que el condado está avanzando a la siguiente fase. El departamento del alguacil se ha mudado de su antiguo edificio a uno nuevo diseñado exclusivamente para el orden público, dejando un terreno vacío en propiedad del condado. Mientras escribo esto, el departamento de Ingeniería del condado está diseñando un nuevo edificio en la antigua propiedad del alguacil para albergar a varios cientos de personas sin hogar en un edificio propio en un par de años.

Han sido necesarios años y dedicación continua de un grupo de defensores de personas sin hogar, liderado por un ingeniero aeroespacial jubilado y apoyado por la alcaldesa de la ciudad (ahora supervisora del condado) y muchos voluntarios. Ya demostramos qué se podía hacer cuando construimos Hangtown Haven hace diez años. Algún día quiero escribir un libro que describa nuestro nuevo refugio para personas sin hogar, diseñado para darles a cientos de nuestros vecinos su propio lugar para vivir, lejos de las calles y el bosque. Entonces podré jubilarme.

www.ingramcontent.com/pod-product-compliance
Lightning Source LLC
Chambersburg PA
CBHW082007140626
46553CB00020B/2517